JAMES
COOK
THE
VOYAGES

庫克船長與太平洋
第一位測繪太平洋的航海家
, 1768-1780

William Frame with Laura Walker

威廉·弗萊姆、蘿拉·沃克 ——— 著

黃煜文 ——— 譯

BRITISH LIBRARY

Country of Tchuktſchi the dimenſions of which are not known

...rrived at Kamtschatka, one of which

A Map of the NEW NORTHERN ARCHIPELAGO discover'd by the Ruſsians in the SEAS of KAMTSCHATKA & ANADIR

Tchuktſchi

...dir
...aja
Ri. Tscherna
R. Nerpetscha
R. Tschaponentscha
R. Bolschaja
R. Anjimsal
Serze Kamen

...iri

Kntschuk I.
Huhidan I.

NOR... AME...
Gr... on... S...

Naman I.
Alaſchka I.

Salin. Snv. Kresta
Akuhik

Sun... aa cha I.
Semidok
Unihan I. D.
Anischalha I.

Panailok I.

...iaki
R. Opuka
...aki Katirka
...Onemen
...pt.

in 1768

Lieut. Sindo
in 1728 as far as 66 deg. 30 min.
St. Ilarion's I.
Ampritanak
Un'alaschka

ANAD
Saniaha I.
Tschanischau I.

Schihaustani I.

Return   of   Bering in 1728 as far as
Umanak I.
Nadiajak okla Lapide

Lieutenant   Sindo in 1764, 65, 66, 67.

SEA OF ANADIR

Amlai I.
Atcha I.

Achta I.

Irhaska I.

Cap of St. Ermogena

Tschepchaa I.
Kanaha I. I s.
Ajak I.
TORSKIA I.
Horelaai Sepka
Tahalan I.
Kodiak I.
Schilkini I.
Buld ir I.

ISLE

ARCHIPELAGO

St. Dolmats Mt.

ALEUTSKIA I.

NORTHERN   ARCHIPELAGO

NORTHERN

St. John's Mt.
...heodores I.

St. Macarius's I.

JAMES COOK THE VOYAGES

本書說明

本書使用日誌、藝術作品與地圖這些一手資料來敘述詹姆斯・庫克的三次探索之旅。本書的敘述取向主要是依照年代順序,但我們也使用個別文件與圖像,針對特定的故事或主題進行更詳細的探討。資料的性質意謂著在絕大部分狀況下,證據的提供往往出自英國人的觀點。我們在文中將試圖指出這種觀點造成的詮釋問題。

本書提到人名與地名時使用現代英語的拼寫,但在引文中則保留原始資料的拼寫。如果現代英語的拼寫出現多種形式時,我們會採取最常用的拼寫。我們保留引文中原始資料的拼寫形式,包括十八世紀常見的文體風格、常見的拼寫與文法錯誤。本書藉由廣泛使用當時的語彙,來顯示十八世紀歐洲人對非歐洲文化所抱持的觀念,如何形塑庫克三次航行的故事。無庸置疑,我們的目的是呈現這些觀點,而非支持這些觀點。

英國海軍傳統對每天的定義是從中午到中午,因此日誌條目對一天的描述總是先講下午,再講隔天上午。另一方面,參與航行的民間人士書寫日誌時依然採用標準的計日方式。我們在使用這兩種人的日誌時,都會指出日誌日期。我們引用日誌時不會註明出處,但會在文中說明日誌條目的日期,想閱讀原始資料的讀者可從日期輕易找出資料。最容易取得的印刷品或線上日誌版本請參閱參考書目。

圖像的標題包括原始資料的出處。藝術品與地圖的標題則加上引號,表示這是常用的標題。標題加上方括號表示標題是根據作品描繪的內容擬定的。

喀拉喀托的蒲葵
大英圖書館,Add MS 15514, f.51

譯註:
喀拉喀托(Carcatoa/Krakatau)是印尼一的座島嶼,位於異他海峽。庫克死後,決心號返航經過此地,船上人員繪製島上景象而有此圖。

致謝

本書涉及範圍廣泛，圍繞故事情節開展的諸多內容也極為複雜，這表示我們援引了許多作家與研究者的作品。我們在本書末尾的參考書目列出我們認為最有幫助的作品。

撰寫本書與準備展覽時，我們獲得許多人的幫助、建議與鼓勵。我們尤其要感謝：Robyn Allardice-Bourne, Louise Anemaat, Ben Appleton, Sir David Attenborough, Alexandra Ault, Marie-Louise Ayres, Howard Batho, Michael Budden, Andrea Clarke, Rob Davies, Silvia Dobrovich, Tabitha Driver, Nick Dykes, Susan Dymond, Lars Eckstein, Layla Fedyk, Robin Frame, Alex Hailey, Tom Harper, Andrea Hart, Susannah Helman, Peter Hooker, Marcie Hopkins, Carolyn Jones, Alex Lock, John McAleer, Scot McKendrick, Mary McMahon, Margaret Makepeace, Kate Marshall, Elizabeth Martindale, Sir Jerry Mateparae, Alex Michaels, Fraser Muggeridge, the members of Ngāti Rānana London Māori Club, Camilla Nichol, Stephen Noble, Maria Nugent, Andra Patterson, Maggie Patton, Helen Peden, Magdalena Peszko, Ben Pollitt, Martha Rawlinson, Nigel Rigby, Huw Rowlands, Emma Scanlan, Anja Schwarz, Gaye Sculthorpe, Matthew Shaw, Geoff Shearcroft, Nicholas Thomas, Cliff Thornton, Sandra Tuppen, Michael Turner, Jo Walsh, Martin Woods, Janet Zmroczek。書中任何事實或詮釋上的錯誤都由作者自負責任。

許多機構提供協助，借出原始收藏供我們展覽，或給予我們建議與支持。我們要感謝：考古學與人類學博物館，劍橋（Museum of Archaeology and Anthropology, Cambridge）；澳洲國立圖書館，坎培拉（National Library of Australia, Canberra）；國家檔案館，邱（National Archives, Kew）；國家肖像館，倫敦（National Portrait Gallery, London）；自然史博物館，倫敦（Natural History Museum, London）；庫克船長紀念博物館，惠特比（Captain Cook Memorial Museum, Whitby）；英國皇家外科學院，倫敦（Royal College of Surgeons, London）；皇家兵械庫博物館，利茲（Royal Armouries, Leeds）；皇家收藏，溫莎（Royal Collection, Windsor）；皇家學會，倫敦（Royal Society, London）；新南威爾斯州立圖書館，雪梨（State Library of New South Wales, Sydney）；英國南極遺產信託，劍橋（UK Antarctic Heritage Trust, Cambridge）；劍橋大學動物學博物館（University Museum of Zoology, Cambridge）；惠普科學史博物館，劍橋（Whipple Museum of the History of Science, Cambridge）。

約翰·韋博
「歐塔海特（即大溪地）一名年輕女性帶來禮物」，1777 年
大英圖書館，Add MS 15513, f.17

地圖
MAPS

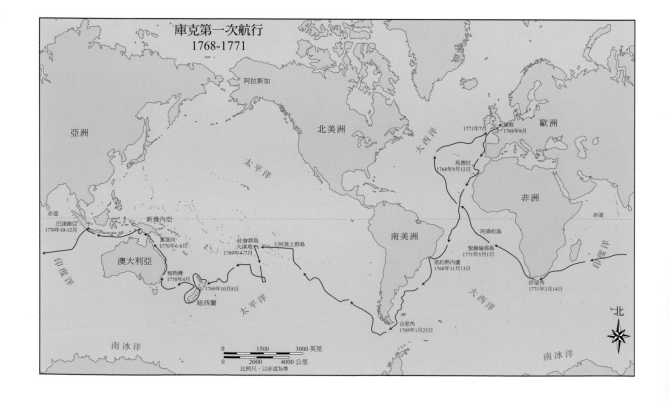

庫克第一次航行
1768-1771

阿拉斯加

亞洲

北美洲

大西洋

倫敦
1771年7月 1768年8月

歐洲

太平洋

馬德拉
1768年9月12日

非洲

赤道
巴達維亞
1770年10-12月

新幾內亞

赤道

奮進河
1770年6-8月

社會群島 大溪地
1769年4-7月

土阿莫土群島

南美洲

阿森松島

植物灣
1770年4月

澳大利亞

聖赫倫那島
1771年5月1日

紐西蘭 太平洋

里約熱內盧
1768年11月13日

印度洋

好望角
1771年3月14日

大西洋

合恩角
1769年1月25日

印度洋

北

南冰洋

0   1500   3000 英里
0   2000   4000 公里
比例尺，以赤道為準

南冰洋

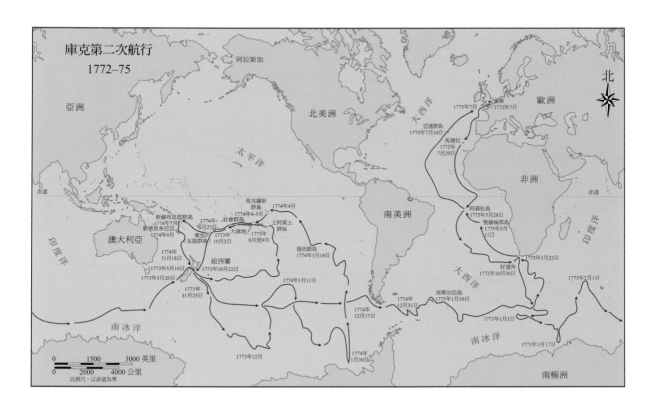

庫克第二次航行
1772–75

亞洲　　　　　　阿拉斯加　　　　　北美洲　　　　　　　　　　　大西洋　　　倫敦
　　　　　　　　　　　　　　　　　　　　　　　　　　　　　　1775年7月　1772年7月　歐洲

太平洋　　　　　　　　　　　　　　　　　　　　亞速群島
　　　　　　　　　　　　　　　　　　　　　　　1775年7月14日
　　　　　　　　　　　　　　　　　　　　　　馬德拉
　　　　　　　　　　　　　　　　　　　　　　1772年
　　　　　　　　　　　　　　　　　　　　　　7月29日

赤道　　　　　　　　　　　　　　　　　　　　　南美洲　　　　　非洲　　　　　　　　赤道

　　　　　　馬克薩斯
　　　　　　群島
　　　　　　1774年4月　　　　　　　　　　　　　　　　　　　　　阿森松島
新赫布里底群島　　1774年4-5月　　社會群島　　　　　　　　　　1775年5月28日
1774年7月　　　　　　　　　　　土阿莫土　　　　　　　　　　　聖赫倫那島　印度洋
新喀里多尼亞　　　　　　　大溪地　群島　　　　　　　　　　　1775年5月
1774年9月　　　東加／　1773年　8月到9月　　　　　　　　　　15日
澳大利亞　　　　友誼群島　10月2日
1774年　　　　　紐西蘭　　　　　　　　　　復活節島
11月18日　　　　　　　　　　　　　　　　1774年3月14日
1773年5月18日　　1773年10月22日　　　　　　　　　好望角　　　　1775年3月22日
1773年3月26日　　　　　　　　　　1774年1月11日　　　　　1772年10月30日
　　　　　1773年　　　　　　　　　　　　　　　　　　　　　　　　　　　　1773年2月1日
　　　　　11月25日　　　　　　　　　　　　　　南喬治亞島
　　　　　　　　　　　　　　　　　1774年　　　1775年1月16日
　　　　　　　　　　　　　　　　　12月17日　　　　　　　　　1773年1月1日
　　　　　　　　　　　　　　1774年　　1774年
　　　　　　　　　　　　　　12月31日　　　　　　　　　　　　　　　　1773年1月17日
　　　　　　　南冰洋　　　　　　　　　　南冰洋
　　　　　　　　　　　1773年12月　1774年
　　　　　　　　　　　　　　　1月30日　　　　　　　　　　南極洲

0　　1500　　3000 英里
0　　2000　　4000 公里
比例尺，以赤道為準

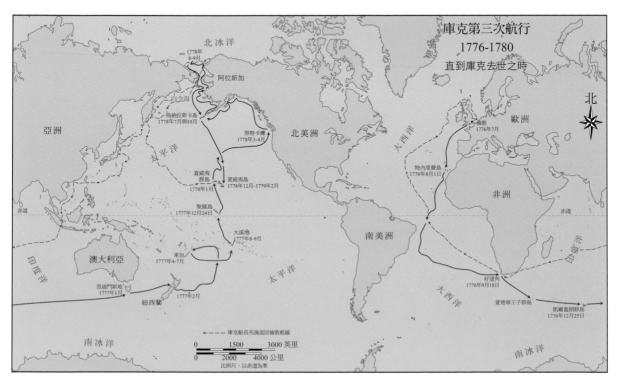

庫克第三次航行
1776-1780
直到庫克去世之時

　　　　　　　　　　北冰洋
　　　　　　　1778年
　　　　　　　8-9月
　　　　　　　　　　阿拉斯加　　　　　　　　　　　　　　　　　倫敦
亞洲　　　　　白令海　　　　　　　北美洲　　　　　　　　　　　1776年7月　歐洲
　　　　　烏納拉斯卡島
　　　　　1778年7月與10月
太平洋　　　　　　　　努特卡灣　　　　　　　　　　大西洋
　　　　　　　　　　　1778年3-4月　　　　　　　　　特內里費島
　　　　　　　　　　　　　　　　　　　　　　　　　1776年8月1日
　　　　　　夏威夷　　　　夏威夷島
　　　　　　群島　　　　　1778年12月-1779年2月
　　　　　　1778年1月　　　　　　　　　　　非洲
赤道　　　　　　聖誕島　　　　　　　　　　　　　　　　　　　　　　赤道
　　　　　　1777年12月24日
　　　　　　　　　　大溪地
　　　　　　　　　　1777年8-9月　南美洲
澳大利亞　　　　東加　　　　　　　　　　　　　　　　　　　　　　　印度洋
　　　　　　　　1777年4-7月
范迪門斯地　　　　　　　　太平洋
1777年1月　　　　　　　　　　　　　　　　　　好望角
　　　紐西蘭　1777年2月　　　　　　　　　　1776年9月18日
　　　　　　　　　　　　　　　　　大西洋
　　　　　　　　　　　　　　　　　　　　　愛德華王子群島　凱爾蓋朗群島
　　　　　　　　　　　　　　　　　　　　　1776年12月25日
南冰洋　　　　　　　　　　　　　　　　　南冰洋

←－－－　庫克船長死後返回倫敦航線

0　　1500　　3000 英里
0　　2000　　4000 公里
比例尺，以赤道為準

導讀 複雜與多元的科學探險史詩　　　　　　黃相輔

庫克船長的探險本身就是傳奇。姑且不論在維多利亞時代英國是如何將庫克推上國家英雄的神壇，但三次環球航行的壯舉便足以將庫克放進航海名人榜，與哥倫布、麥哲倫、達伽馬、鄭和等前輩相提並論。從科學史的角度來看，庫克的探險拓展了歐洲人對太平洋的知識，完全符合典型的探險史詩敘事：探索未知的領域、發現前所未見的新事物。庫克身為科學探索「英雄」的文化象徵意義，超越了大英帝國的脈絡，甚至延續到太空時代——庫克環球航行的船艦「奮進號」與「發現號」的大名，被美國太空總署用來命名太空梭。而他在日記中自述「來到在此之前無人抵達的遙遠之地」，以及啟發科幻經典《星艦迷航記》（Star Trek）主角詹姆斯・寇克（James T. Kirk）的原型，也是該系列振奮人心的格言「勇敢航向前人未至之境」（To boldly go where no man has gone before）的由來。

2018 年是庫克自普利茅斯港出發展開第一次環球航行 250 週年，因此大英圖書館策畫「詹姆斯・庫克：航行」特展，本書即是出自展覽官方指南。大英圖書館的特展向來以材料豐富著稱，在專業策展人的巧思下，將各種館藏或借展文物組織成別出心裁又兼顧多元視角的敘事。本次庫克特展也不例外。館方羅列相關的第一手史料，包括庫克與隨行人員在途中的日記、繪畫、地圖（或海圖）手稿，採集回來的動植物標本與原住民文物，以及返國後的信函與各種出版品。利用這些第一手史料，館方鉅細靡遺地鋪陳庫克航行中的細節，讓曾參與遠航的眾多歷史人物「為自己說話」。

筆者有幸在特展期間訪問倫敦，而得以親炙本展。庫克三次航行牽涉的人事時地物龐雜，要把相關歷史背景釐清不是件容易的事。雖然本展覽的動線大致以時間順序安排，但三次航行之間的段落區隔良好，令參觀者不覺冗長雜亂。這不能不歸功於館方在空間布置方面的巧思。例如在第二次航行，敘事的重點放在船艦進入南極圈，這段展區的配色就以冷調的灰白、淡藍色為主，讓觀眾有彷彿身歷南冰洋的感受；而當觀眾來到各航行間的空檔，展區牆面就恢復暖色調的沉穩顏色，搭配暈黃燈光與肖像畫，讓人立刻聯想到主角此時正身處在英國家園的宅邸。

雖然以上的空間設計不易於書中重現，但本書在結構上也忠實反映了展覽動線，依序交代三次航行的背景與途中的細節。由於是展覽指南，本書的特色是「看圖說故事」，利用大量圖片配合文字說明的方式，串起庫克航行中的點點滴滴。這些圖片皆為展出的實物，是了解庫克航行的珍貴史料。即使沒有親臨展覽的讀者，也能輕鬆地來趟紙上「發現之旅」。

庫克的探險史詩不乏爭議。近年來，隨著去殖民化與原住民意識的興起，愈來愈多學者或文化界人士挑戰傳統的官方版本敘事，重新檢視庫克的英雄形象。庫克航行抵達玻里尼西亞與澳洲東岸，從歐洲的視角來看是「發現」；從當地原住

民的立場，卻標誌著此後歐洲人大舉入侵、殖民，並徹底改變傳統社會與文化的開端。本書開頭舉兩幅不同時代的畫作為例，正好顯示兩種史觀的強烈對比：繪於二十世紀初的《1770 年庫克船長在植物學灣登陸》，是大英帝國移民開拓敘事的延續；而二十一世紀戲仿前作的《在這裡，我們稱他們是海盜》，則把自詡文明開化的西方「發現者」狠狠嘲諷了一番。

庫克是探險英雄還是西方帝國主義者殖民的先鋒？這是至今各界仍爭論不休的問題。光是導致庫克在夏威夷喪生的那場衝突，無論是在場目擊者的證詞或後人的描述，就眾說紛紜：有人將庫克描繪成盡力維持和平的調停者；也有人將庫克描繪成在最前方率領攻擊的人。身為皇家海軍的軍官，庫克鞠躬盡瘁地執行探索任務，無可否認是為了英國的利益。庫克本人未能親身參與大英帝國後續在太平洋的勢力擴張，然而跟隨在探險家腳步後的，往往是商人、傳教士與殖民者。庫克身後不到數十年，英國在大洋洲建立了數個殖民地，最終形成現代國家澳大利亞與紐西蘭。

從全球史的脈絡來看，庫克的科學探索並非純粹為了求知，還牽涉軍事、貿易以及地緣政治上的戰略利益。十八世紀的太平洋是西班牙帝國的勢力範圍；馬德里掌握了從美洲到菲律賓跨太平洋的貿易航路。為了挑戰西班牙，英國希望能在地圖上仍是一片空白的南太平洋尋求機會。這是庫克探索任務的重要背景。我們從書中可以了解，倫敦皇家學會與海軍部同時是庫克航行的推手，各自有盤算的目標。以金星凌日的天文觀測為例，皇家學會希望能藉此測定太陽與地球間的距離，拓展對宇宙的認識；海軍部則希望這些天文數據有助於解決測量地球經度的問題，以增進遠洋導航的精確性。更別提沿途的地理探索——尋找未知的南方大陸或西北航道——這些地理知識背後的戰略價值了。

庫克不是第一個抵達南太平洋或大溪地的歐洲人，然而其團隊在太平洋的長期停留，並對玻里尼西亞地理、人文與自然環境的詳細調查，是之前的歐洲探險隊前所未有的。這歸功於任務前的縝密計畫，以及隨行的科學團隊。這個團隊包括博物學者、天文學家，甚至畫家。帶領一群或許是「文弱書生」的科學團隊遠渡重洋，還要在荒野異地中求生存、與當地居民打交道，非常不容易。庫克傑出的領導統御、航海、測量與製圖技能，使他成為能勝任的人選。沒有英國政府與皇家海軍的資源，也無法支持三次遠航。國家（以及技術與商業）力量與科學研究互助結合的「大科學」（Big Science），在庫克之後的科學探索任務愈來愈常見，從阿波羅登月到人類基因組計畫，無不是交織了複雜的社會與國際網絡。

庫克的科學團隊中最重要的代表人物，莫過於參加第一次航行，後來成為皇家學會會長的約瑟夫·班克斯。班克斯是十八世紀典型的「紳士科學家」，家有恆產，經濟充裕，可以無後顧之憂從事科學研究。他保持與歐陸同行的聯繫，努力經營自己的學術網絡，不惜出資贊助庫克的遠航任務，藉此抓住隨行考察的機會。從班克斯的視角，我們看到十八世紀博物學家進行田野調查的過程。這個生產自然知識的模式效率驚人，有賴研究者與專業畫家分工合作，以素描記錄所見所聞，再待後續完成上色與細部描繪。此外，由於班克斯不像庫克需負擔領隊責任，他得以較無顧慮地與原住民互動，甚至參與原住民的儀式，充分滿足好奇心。庫克航行對玻里尼西亞社會留下豐富的觀察與紀錄，班克斯的穿針引線發揮了不少作用。

庫克的航行也不全然是歐洲人的故事。在探索過程中，庫克與其船員難免與無數當地居民互動，有些互動是和平、好奇，甚至互惠的，有些則是致命的。儘管因現存史料的限制，我們對這些居民所知不多（諷刺的是，藉由外來探險家的描述，部分原住民得以在時光洪流中留存一些紀錄）。大英圖書館也坦承，雖盡力呈現多元聲音，但本

書絕大部分史料講述的仍然是歐洲人的視角。然而，有好幾位玻里尼西亞原住民曾加入庫克的探險隊，留下不少珍貴的史料，例如在第一次航行中途上船的「客卿」圖帕亞。

圖帕亞來自大溪地附近的賴阿特亞島，是當地宗教的祭司，類似的神職人員在許多社會中往往是掌握與傳承知識的文化菁英。但圖帕亞在大溪地不算得志：一來他在政治上站錯邊，效力的部族首領已經失勢；再來他並非土生土長，為了躲避戰禍才投奔大溪地，恐怕連大溪地人也視他為外人。在庫克一行人停留大溪地期間，班克斯與圖帕亞成為好友，最終說服庫克讓圖帕亞隨行。圖帕亞隨奮進號到了紐西蘭與澳洲東岸，可惜於返回英國途中在巴達維亞（今日的雅加達）病逝。圖帕亞在奮進號上的角色相當微妙。他發揮了嚮導、翻譯與顧問的功能，在英國人與原住民接觸的場合擔任雙方溝通的中間人。但圖帕亞不是庫克的屬下，反倒比較像是班克斯的私人賓客（庫克同意圖帕亞與他的童僕上船的條件，即班克斯需負擔這二人的額外支出）。儘管庫克對圖帕亞的能力表示尊敬，但他不像班克斯與這位賓客較有交情；大部分船員對圖帕亞的印象就更不好了，認為他難以親近又愛擺架子。庫克曾評論圖帕亞「精明、理智又有天才」，卻也指出他「驕傲又固執，以致在船上常引起眾人反感」。船員對圖帕亞的反感，難免摻雜一些歐洲人對「印地安人」（當時對美洲與大洋洲原住民的泛稱）的優越情緒。很可惜圖帕亞沒有留下個人紀錄，我們無從得知他的想法，還有上船的理由。或許他也想探索世界、隨奮進號到歐洲看看，或者視自己的加入為與庫克團隊的結盟，甚至可能希望借助英國人的武力驅逐占領故鄉的敵人。

庫克與班克斯所蒐集關於玻里尼西亞的知識，很大一部分的來源就是圖帕亞。圖帕亞就像一部活的百科全書，熟悉玻里尼西亞社會的文化、醫藥、天文、地理與水文等在地知識。這些知識由他的父祖輩以口述方式代代相傳。圖帕亞也精通

導航技術，能記誦大溪地周邊群島的方向與所需航程，儘管自己或其父祖輩從未到過那些島嶼。有張標示大溪地周邊島嶼的海圖（頁 64-65），就是西方與玻里尼西亞兩套不同知識系統混合的產物。這張海圖是庫克根據圖帕亞的情報，以歐洲製圖方式繪成，標示了東西南北四方位。但圖上的島嶼卻不見得符合其實際位置，尤其是愈外圍、離大溪地愈遠的島嶼，誤差愈大。這可能是由於玻里尼西亞人的地理知識並不是建立在歐洲人習慣的絕對座標系統上，而是記錄航路上島嶼的相對位置，由居住之地向外同心圓式地擴張。

最近的研究也顯示，庫克航行途中記錄南太平洋風土民情的許多圖畫，其實是出自圖帕亞之手。有些是應庫克要求而繪，有些則是圖帕亞自己的觀察。最有意思的是其中一張描繪英國人與毛利人交易的場景（頁 83），生動地記錄了雙方接觸的新奇與緊張感。圖帕亞以一位「第三者」的視角，見證了歐洲探險者開始改變毛利人「長白雲之鄉」的那一刻。圖帕亞在紐西蘭期間也試著「傳教」，與當地人交流宗教知識。由於圖帕亞來自毛利人祖先的原鄉，雙方的血緣、語言和文化相近，因此他的到訪頗受歡迎，其事蹟在不同部落之間廣為流傳。當庫克第二次航行重返紐西蘭，多次遇到毛利人追問圖帕亞的下落。對現代讀者來說，庫克是環球探險史詩的主角；然而從毛利人的角度來看，來訪的「遠親」圖帕亞才是代代口述相傳的傳奇人物。

圖帕亞不是唯一自願加入庫克行列的原住民，甚至有的原住民拜訪英國後返回大溪地。這些案例提醒我們，不只是歐洲人，原住民也以他們的方式探索外面的世界。那些熟悉的、非黑即白的歷史敘事，往往過於簡化歷史事件的複雜性。無論是歐洲人「勇敢探索域外蠻荒」的探險史詩，或是原住民「受帝國主義入侵壓迫」的斑斑血淚，都是複雜歷史事件中眾多面向之一。歐洲探險家固然有船堅炮利的科技優勢，在離母國千里之遙的陌生領域，常常需要靠外交手腕獲取當地居民

的善意與資源。原住民也不是被動地面對外來者的衝擊，他們常主動尋求貿易或合作，利用外來勢力鞏固己方利益，甚至打擊本地的對手。而雙方在科學探索的過程中也充滿互動。當庫克與班克斯進行博物學田野調查時，仍需借助圖帕亞的在地知識。沒有圖帕亞的建議，英國人或許不會這麼順利地「發現」大溪地周邊的群島及紐西蘭。雖然玻里尼西亞原住民不具備西方天文學的知識，但他們熟悉星辰運行的精確程度——套句班克斯的話，恐怕「連歐洲天文學家都難以相信」！

希臘神話中，普羅米修斯不顧天神的禁令為人類盜火，教人類使用火焰，成為人類掌握知識與發展文明之始。斗轉星移，普羅米修斯當初帶給人類的那一小盞星火，最後竟成為一團遮蔽視線的熊熊烈焰。1945 年 7 月 16 日，領導曼哈頓計畫開發原子彈的美國科學家歐本海默，在新墨西哥州見證人類史上第一次核試爆。歐本海默事後回憶，那一刻在場的人都意識到「世界從此不同了」，他則想起印度經典《薄伽梵歌》中的一段話：「現在我成了死神，世界的毀滅者。」

歐本海默這段著名的感言，是科學家對自己行動所造成後果的沉重反省。套用流行的電影台詞，歐本海默是一位「受知識詛咒」的悲劇人物，始終被良知與責任心之間的矛盾折磨。他希望能搶先開發出原子彈，避免納粹德國先掌握這種終極武器；但他又無法不預見這項任務將開啟潘朵拉的盒子，使後世籠罩在核戰的恐怖陰影中。原子彈是科學作為兩面刃的絕佳象徵：人類對知識的探索能釋放出龐大的威力，也能帶來前所未見的毀滅。

庫克的航行不像發明原子彈那樣立即震撼世人，但也確實改變了世界，影響深遠且持續至今。無論庫克當初是否懷抱著和平善意而來，從他抵達南太平洋的那刻開始，玻里尼西亞就不復原本的社會與文化了，成為更複雜的世界體系的一部分。改變是好是壞，隨著時代變遷有不同論斷，

恐怕永遠難以蓋棺論定。二十世紀以前的帝國主義者認為帝國統治給殖民地帶來文明、秩序與各種物質建設，現代化或「進步性」成為道德修辭上的立足點。後殖民時代政治風氣的轉變，讓昔日的「典範」褪色，反省與批判殖民者掠奪與屠殺原住民的不公不義。這一切使庫克在探索方面的成就如同哥倫布與麥哲倫的那般耀眼，也同時像這二位前輩一樣在歷史地位方面富於政治爭議。

庫克需不需要為他的探索行動索產生的後果負責？這也許不純粹是歷史或科學問題了。我們無法期待人人都像歐本海默那樣深刻感性的反省。庫克有他所處的時代侷限及個人立場；他在日誌中對原住民處境與歐洲殖民前景的若干思考，反映了當代歐洲流行的思潮，包括啟蒙哲學家如洛克與盧梭在「政府」、「自然狀態」與「平等權利」等議題上的觀點。然而身為領隊的指揮官，庫克更關心的還是眼前實際的問題：如何確保團隊安全，完成任務並返航。

也因此這不是庫克個人的航行——途中的每個人，從班克斯到圖帕亞，擁有各自的立場、意志與行動。這也是大英圖書館規劃本展與本書的期望——平實地還原庫克三次環球航行的過程，讓史料為當事人各自發聲。而我們也得以銘記，任何「偉大」的科學探險，不是只有向未知邊疆前進的浪漫，而是有更複雜多元的面貌等待我們去發掘。

黃相輔
英國倫敦大學學院科學史博士

Preface
導讀 「三下太平洋」的探索旅程

方凱弘

一種知識的幻覺阻擋了全知全能地發現，這是文明發展的常態而非異端，只有勇敢而具有想像力的少數人，挺身與事實和教條為敵，才能撥雲見日。現代世界版圖的認知直到十八世紀後期才慢慢成形，在此之前，南半球「未知的南方大陸」依舊神祕未解，北半球仍設法找尋貫通大西洋和太平洋的航道，庫克船長接下了這些任務。《庫克船長與太平洋》大量翻述原始日誌資料，重新回顧這段大航海時代後期的歷史，讓我們強烈地感受到當時歐洲白人視角下的世界觀，正如隨行的約瑟夫·班克斯所言：「我們看到最真實的世外桃源，我們將成為這裡的國王，這已不再是想像。」

庫克船長的成長背景並不耀眼，他在家中排行第二。這位蘇格蘭出身的農場工人之子，年輕時受雇在運煤船上擔任學徒，定期往返英格蘭沿岸各地。見習三年後前往波羅的海的商船工作，1752年成為雙桅橫帆運煤船友誼號（Friendship）的大副，擢升船長後隨即於1755年投入皇家海軍「打掉重練」。很快地，他在1756年首次臨時執行指揮職務，負責在HMS鷹號（HMS Eagle）巡弋期間，擔任附屬單桅快速帆船庫魯撒號（Cruizer）的船長，並在1757年通過航海長考試。七年英法戰爭是其嶄露頭角的轉捩點，聖羅倫斯河及其周邊地圖的繪製證明了他是一位能幹的航海測量技師。戰爭結束後他參加紐芬蘭與拉布拉多半島的海岸測量工作，獲得了海軍部和皇家學會的青

睞。1768年英國國王喬治三世接受皇家學會委託組成探險隊，派人前往大溪地調查「金星凌日」。由於皇家學會推薦的地理學家兼天文學家亞歷山大·達林普爾（Alexander Dalrymple），僅在英國東印度公司擔任航海學家時有短期遠洋航行的經驗，無法達到當時海軍的專業化標準，海軍部拒絕其擔任指揮官，庫克遂成為最佳人選。於是，在當時沒沒無聞又非官場中人的他，開始了「三下太平洋」的探索旅程。

相較於大航海時代初期的波瀾壯闊，庫克船長的出航已接近後期，雖不掩其輝煌成就，但在技術及觀念上與剛開始時並不相同。在哥倫布的時代，天文航海未臻完美，直到他過世數年後，才成為歐洲職業水手日常的一項手藝，因此在確認航向與位置上全憑自己的盲目判斷。這種作法的說服力或許足以應付從一個已知地點抵達另一個已知的目的地，而哥倫布始終認為自己是航向百分之百確定的「印度」。而對庫克而言，本書中提及的四分儀（現代已進化為六分儀）與觀測金星凌日的反射望眼鏡，第二次航行帶上了英國鐘錶匠哈里森（John Harrison）設計的「經線儀四號」進行測試。當時的技術足以使一群海員毫無畏懼，肆無忌憚的遊走各地，而這些儀器外觀金光閃閃，格外引人矚目，也時常成為船員與當地人間偷竊甚至死傷頻傳的引爆點，不經意地流露出文明與文明之間的碰撞與隔閡。

面對大海，很少人不會性情大變，即使在風平浪靜時，連日不斷的好天氣或海面的平靜無波，都可能會引發水手的抱怨。晴空萬里造成淡水補給中斷，無風的夜晚導致帆船缺乏動力，大海毫不留情地鍛鍊著每個人的心智。而達伽馬（Vasco da Gama）、哥倫布、麥哲倫（Fernão de Magalhães）等人探險未知的航程，無不惜運用迂迴與欺瞞戰術，讓手下能保持愉快的心情，為共同的目標效力。當一雙雙疑惑目光在船上無意識地漂蕩，船長往往須催眠自己成為「先知」，再對船員連哄帶騙，畢竟大太陽底下無新鮮事，庫克顯然不是只愛畫圖的海上宅男，他也懂得領導手腕。書中提及治療「壞血病」（註釋）的做法，讓庫克在 1776 年獲得了皇家學會的科普利獎章（Copley Medal），卻是採取了「誤導」船員吃泡菜的機智手段。一般人極度缺乏維生素 C 三個月以上就會出現壞血病的症狀，若不治療必死無疑，但療程卻非常簡單，只要補充維生素 C 就可痊癒，所以現代發生壞血病致死的情況非常少見。讀者可能很難想像達伽馬開創歐亞新航線，從印度返航時，160 名船員中約有 100 人因罹患壞血病而死去；哥倫布西航前往印度，出發時 200 多人，幾個月後因為壞血病而只剩下 30 多人；麥哲倫環球航行時，因壞血病而死的也有 70 多人，高達三分之二。直到二十世紀才研究出預防壞血病的物質（抗壞血酸，即維生素 C），十八世紀中期歐洲仍普遍認為大批船員死於遠洋航行是無法避免的代價，謠傳可能是因為缺氧、血濁、憂鬱、髒亂等原因，治療方法千奇百怪，例如放血或將全身浸泡在動物血液中。

儘管 1614 年英國外科醫生伍德爾（John Woodall）曾向英國東印度公司建議食用新鮮水果與喝檸檬汁即可預防和治療壞血病，但當時療法不只一種，眾說紛紜，任誰也不知道哪種正確。而庫克決定執行「在每日菜單中加入泡菜」的飲食命令，由於泡菜嗆鼻難以下嚥，口感難以適應，還要長時間食用，很多船員不願配合。船上的封閉環境，容易因小事起爭執，與其針鋒相對，庫克決定以逸待勞，一開始僅限供軍官食用，運用水手普遍認為「軍官重視的東西就是好東西」的心態，來誤導大家爭食泡菜。庫克記述：「因為船員的通性是只要你以通常的方式給他們東西，也不管你給的東西對他們好處甚多，他們就是不領情，口口聲聲埋怨人，可是一旦他們看到長官們看中哪樣東西，就立刻回心轉意，把它當成寶，回過頭來感激不盡。」1769 年 4 月抵達大溪地時，船員的壞血病傷亡率降到了最低，在航海史上無疑是偉大的成就。這種手段頗有虛張聲勢的意味，但顯然是合理且必要的，因為做對的事比把事情做對更重要。

本書生動記敘了庫克船長歷次遠航遭遇的艱險困難，搭配大量人名、地名、日誌、圖片等，力求完整呈現當時的知識背景與人文思想。透過每個人的文字，試圖拼湊出隱晦不明、爭論不休的動機與真相，一幕幕場景躍然紙上，時而高潮迭起，時而低迴感嘆。書中不只一處記載了庫克船長的領導風格及相關同行者的人格特質細節，庫克自律甚嚴，寧可花大把時間描繪彎彎曲曲的海岸線，卻不太接近大溪地的女人。面對這個新世界，眼見不足以為憑，有圖有真相，海圖繪製才足以佐證這一切。科學的價值在於可以不斷地驗證，如果不能將目的地與航線精確地呈現在圖紙上，豈不又重現對馬可波羅「百萬先生」的揶揄？在大航海時代後期，許多科學領域的開創者逐漸與航海的身影交疊。十八世紀以前，許多人對「未知的南方大陸」深信不疑，因為「相信」比「懷疑」更容易，即使在科學誕生後，大多數人僅僅是相信了科學，而非遵循「大膽假設，小心求證」的態度；有時科學甚至反而助長了迷思，觀察並不可靠，經驗可能誤導，大量的航海紀錄顯示許多地理發現與「未知的南方大陸」的外緣可能有關，大批信仰者始終堅信太平洋也是一個「內陸海」，而南方存在著邊界。

尋找南方大陸未果可能造成兩種推論，一是沒找到，另一是不存在。這項任務成為英國與荷蘭在

海上的明爭暗鬥。1642年荷蘭航海家塔斯曼（Abel Tasman）為了尋找南方大陸，從非洲向東航行南緯47度，由於過於偏南，印度洋南部除了大霧、冰雹與暴風雪外，幾乎什麼都看不到，船員紛紛抱怨天氣太冷，於是略偏北航行到南緯44度，而發現了塔斯馬尼亞島。十七世紀中期荷蘭人多次到過澳洲西岸，將其命名為「新荷蘭」，但基於利益考量，這些人對澳洲興趣缺缺，「海岸是一片不毛之地，當地人又壞又惡」，「撇開他們的人形不談，跟野獸沒什麼兩樣」，由於未能在這片陸地發現金銀礦藏，最後停止了探尋。庫克在1769年第一次出航尋找南方大陸未果，但同樣地航行到了這片海域，並確認了紐西蘭並非南方大陸的一部分；1770年抵達澳洲東岸，將其命名為「新威爾斯」，成為了航海史上的「一澳（洲）各表」。不同於荷蘭人，庫克與班克斯、索蘭德博士等人都十分熱中觀察當地的人事物，「他們的顏色相當深色或黑色，但我不知道這究竟是他們真正的膚色，抑或是衣服的顏色。」

哥倫布意外「發現」美洲大陸，為地理大發現立下了一個里程碑。而庫克「反發現」南方大陸，試圖證明某個傳說中的事物實際不存在，遠比找尋一個已知目標更為辛苦困難，因為他必須搜遍全世界。1772年庫克第二次航行，改沿非洲海岸南下，繞過好望角東航，1773年1月首次跨越南極圈，駛至離南極大陸僅130公里後遇冰折返。1774年1月第三度駛入南極圈，駛至南緯71度10分離南極大陸不遠的海域，成為十八世紀航海家抵達極南之處，證實太平洋南方「不存在」大陸，即使有，也不與澳洲相連。庫克表示：「我已經完成了航繞南大洋高緯度地區的任務，工作進行之徹底絕不容有南方大陸存在，而沒有讓我找到的可能性，除非它的位置非常靠近南極，非航行所能觸及。」他放言這塊大陸永遠無法讓人找到，這個「反發現」讓庫克順利擢升，他的人生達到巔峰，南方大陸如今小得可憐，其提交的報告讓人們對「未知的南方大陸」的憧憬沉寂下來，直到1820年南極大陸被發現。

本書是大英圖書館在2018年策畫「詹姆士·庫克：航行」特展的專書。由於搭配展覽的緣故，書中呈現出非常強烈的空間感，真實還原現場的紀錄。庫克第一次出航前往大溪地進行「金星凌日」觀測時發生黑滴效應，儘管難以判斷各點接觸與分離的正確時刻，無法確定開始與結束時間，經度在當時又無法精確測算，觀測地點的經緯度正確性亦未可知。這次觀測普遍被認為是失敗的，庫克對此的官方描述也只有寥寥數語，但透過書中豐富呈現的大量圖片與對話，彷彿身臨其境：「他們是否聽懂我的意思，我不太確定，但似乎沒有人對於我們要做的事感到不悅。事實上，我們選定的地點對他們毫無用處，這裡是緊鄰灣岸的沙灘。」書中文字描述與人物刻劃十分細膩，由於是第一手文稿的完整中文呈現，在國內航海史書籍中彌足珍貴。

航海史上最早發現「太平洋」的是為了尋找黃金國的西班牙探險家巴爾沃亞（Balboa, Vasco Nunez de），而命名「太平洋」的是葡萄牙航海家麥哲倫。至於為了尋找南方大陸，以及在北冰洋尋找西北航道，庫克把「太平洋」當成自己的家。十六世紀中期英、荷等國開始積極往海外發展，受限於1494年的《托爾德西里亞斯條約》（Tratado de Tordesillas），往東為葡萄牙所有，往西為西班牙所有，前往亞洲的航路僅剩往北（往南將遭「未知的南方大陸」阻絕），一條是從西伯利亞北方東進的「東北航道」，另一條是從美洲北方西進的「西北航道」，庫克在1776年到1780年間的第三次航行，目的就是為調查美洲大陸北方是否有連接太平洋與大西洋的通道存在。

翻看庫克當時沿著美洲西岸北上的航線，其一行人的觀察除了先前兩次在太平洋航行的觀察外，此次也擴展至阿拉斯加等地。1778年決心號和發現號抵達三明治群島（即夏威夷），成為第一批踏上此地的白人，停留幾天後繼續北上。此次航行讓庫克再創極北之先，穿過白令海峽，直到北緯70度處才因為冰封而折返夏威夷，偉大的生

命旅程也在此處畫下句點，庫克之死至今成謎。「當夏威夷酋長得知他們返回的理由時，似乎很不高興。」儘管大多數學者認為夏威夷島與西方文明不同，島民對庫克由盲目崇拜變成怨恨，然而這似乎帶有歧視口吻而怪罪當地，本書如實引述了庫克日誌與眾多見證，呈現現場是一連串主觀上的「先入為主」與客觀上的「格格不入」，充滿著困惑、質疑與自相矛盾，倒是相當符合美國人類學家奧貝賽克拉（Gananath Obeyesekere）所謂「庫克遇害是因為他的脾氣在旅途後期變得古怪，而且在島上掠奪物資，最終才會招來殺機」的說法。無論如何，不可否認的是，這個時代的航海探索將西方世界的性病、酒精與槍械帶入當地，而外來者的姿態若不夠謹慎謙卑，終將遭到被入侵的文明所反噬。

庫克自詡「不止於比前人走得更遠，而是要盡人所能走到最遠」，「若非榮膺首位發現者所自然而然帶來的喜悅……這一服務性事業不可能撐得下去」，有著淵博的繪圖知識、紮實的航海技術、嚴謹的組織管理與無窮盡的精力，也因此總是比別人多一份前往他人未竟之地的自信。仰賴季風航行的帆船，航向控制不如現代動力船舶容易。為了找尋南方大陸與西北航道，庫克所走的航線必須時常搶風調向，無法依習慣的商業航線順風前往，季風是一地形、海洋與大氣層等因素相互作用的結果，也是船員在航行上的寶貴靈感。庫克執行的任務往往給了很多難題，必須透過一定程度的專業，跨經緯度的大範圍航行；雖然三次的探索最終都未能發現目標，但庫克船上所攜回的人、動植物的素描與標本，對當時的西方社會仍帶來震撼，提供了當時理性時代的思想基礎，甚至啟蒙了浪漫主義。

十八世紀後期到十九世紀初期，法國、俄羅斯等國也紛紛派出遠征隊，大舉湧入太平洋展開探索，庫克成功扮演了太平洋引航人的角色，而後才又有法國航海家拉佩魯茲（Count de La Perouse）等人承先啟後地接續著其未能完成的探險。儘管

前人當時先進的想法如今看起來有時莞爾，但現實就是這樣一條宛如瞎子摸象般從「已知」探索「未知」的歷程，也唯有透過如此不斷試錯所淬鍊出來的智慧，天馬行空的無窮想像才得以延續，造就出一個人、一個國家甚至是一個時代的偉大。

註釋

壞血病（Scurvy）又稱水手病，人體一旦缺乏維生素C，便無法製造足夠的肌原蛋白，血管壁會出現縫隙致出血不止，牙齦流血，牙齒掉落，病發後幾週內，因大量體內出血，引發肺腎等臟器衰竭而亡；壞血病並非「敗血病」，後者是傷口發膿受細菌感染，細菌或其釋放毒素流入血中，進而循環至全身而亡。

方凱弘
台北海洋科技大學航海系助理教授

菲利普斯・福克斯（E. Phillips Fox）
《1770 年庫克船長登陸植物灣》（*Landing of Captain Cook at Botany Bay, 1770*）
1992 年，帆布油畫，維多利亞國立美術館，墨爾本

INTRODUCTION

導論

詹姆斯・庫克（James Cook）進行了三次航行，從1768 年奮進號（Endeavour）自普利茅斯（Plymouth）出航起，到庫克（James Cook）死於夏威夷之後，決心號（Resolution）與發現號（Discovery）於 1780年返回英國為止，前後耗費了十年以上的時間。奮進號出航最初的目的是到大溪地（Tahiti）記錄金星凌日，以計算地球到太陽的距離，庫克的三次航行在計畫時均帶有科學目的。儘管如此，英國海軍部支持航行背後的主要動機卻是尋找土地，尤其一般相信在南方海洋的某個地方存在著一塊南方大陸（Great Southern Continent），此外則是尋找新的商業與貿易機會。庫克的船隻造訪過許多歐洲人感到新奇或未曾聽聞的地方，如大溪地、紐西蘭、澳洲東岸、南極大陸、復活節島（Easter Island）、東加（Tonga）、萬那杜（Vanuatu），新赫布里底群島（New Hebrides）、南喬治亞島（South Georgia）、夏威夷、太平洋西北地區（Pacific Northwest）、阿拉斯加與白令海（Bering Sea）。

庫克航行之前，歐洲人探索太平洋已有近 250 年的歷史。1520 年，葡萄牙航海家斐迪南・麥哲倫（Ferdinand Magellan）代表西班牙國王進行探險，他率領的歐洲探險隊首次橫渡了太平洋。十六與十七世紀，英格蘭人在私掠船長法蘭西斯・德瑞克爵士（Sir Francis Drake）與威廉・丹皮爾（William Dampier）帶領下，偶然進入了太平洋。在此同時，

葡萄牙人則從印度洋上的領土出發進入太平洋。十七世紀初，荷蘭東印度公司（Dutch East India Company）在今日的印尼建立殖民地之後，荷蘭航海家包括阿貝爾・塔斯曼（Abel Tasman）便開始探索太平洋。歐洲的探索往往伴隨土地的取得，而新取得的土地往往以母國來命名。因此，德瑞克取得北美洲西岸後，將其命名為新阿爾比恩（New Albion，阿爾比恩是大不列顛島的古代名稱），而在荷蘭地圖上，隨著澳洲的輪廓逐漸明顯，澳洲地區也被命名為新荷蘭。

儘管有早期的航行紀錄，當奮進號於 1768 年啟程時，歐洲仍對太平洋多數地區一無所知。庫克是位技術嫻熟的製圖師，他對首次行經的海岸線進行的精確測繪，往往成為他航行時完成的地圖與海圖。第三次航行結束時，世界上有人居住的海岸線地圖至少已完成大致的輪廓。庫克的航海事業與庫克自己成為往後一百年巨大變革的象徵。1788 年，雪梨灣（Sydney Cave）流放地的設立成為英國殖民澳洲的起點。1803 年，英國在范迪門斯地（Van Diemen's Land），也就是塔斯馬尼亞（Tasmania）成立第二個殖民地，十九世紀期間又陸續在澳洲其他地區建立殖民地。1840 年，紐西蘭成為英國國王的領地。1901 年，澳洲組成澳大利亞聯邦。

丹尼爾・博伊德（Daniel Boyd）
《在這裡，我們稱他們是海盜》（*We Call Them Pirates Out Here*）
2006 年，帆布油畫，澳洲當代藝術博物館，雪梨

到了維多利亞時代，庫克被尊奉為因公殉職的帝國英雄，成為激勵人心的典範。他的故事成了學校集會時反覆講述的主題，學生世世代代聆聽，直到二十世紀下半葉為止。歷史教科書強調庫克在太平洋建立大英帝國勢力的角色。課本上的插圖描繪庫克將旗幟插在植物灣（Botany Bay）。與「印度的克萊夫」（Clive of India）及「魁北克的沃爾夫」（Wolfe of Quebec）一樣，庫克成為大英帝國在世界某個特定地區的象徵。他被尊崇為澳洲的國父，有時也包括紐西蘭，人們以紀念碑、人像、街名與郵票等方式來頌揚他。每逢庫克登陸澳洲的週年紀念，人們總是重演當時登陸的場景來慶祝這個日子，藉以強調庫克的到來開啟了澳洲整個國家的歷史。

第二次世界大戰後的數十年間，人們開始反對這種歷史觀點。在去殖民化時期，過去一向由歐洲帝國建立者宣傳的歐洲帝國歷史逐漸受到批判與檢視。英格蘭（與日後的大英帝國）挑戰西班牙、葡萄牙與法國這些強大天主教強權的故事向來是

英國教育的主要內容，但這些主題逐漸被認定為只是一群盜匪為了奪取非歐洲民族的土地而起的爭執。帝國文明開化的使命吉卜林（Kipling）說這是「白人的負擔」被視為對臣屬的民族與土地進行經濟剝削的遮羞布。與殖民歷史密切相關的還有偽科學的種族理論，這些理論被用來主張歐洲白人比被殖民民族來得優越。在澳洲，象徵性的時刻出現在 1970 年，在庫克抵達植物灣兩百週年的紀念典禮上，一群原住民抗議人士在對岸將花圈投入水中，紀念英國殖民時期被殺害的原住民。

隨著歐洲「發現」的敘事日益受到挑戰，人們開始關注人類最初如何移居到太平洋。現代考古學在先進科學技術如碳 14 定年與 DNA 分析的協助下，開始挖掘出人類遷徙的歷史，顯示現代人（智人）如何起源於非洲，並且在十萬年前如何從北非遷徙到中東，然後從中東逐漸定居亞洲、歐洲與澳大拉西亞（Australasia）。雖然移居的時間只是約略的估計值，但一般相信大約在一萬五千年前，當時北太平洋的海平面遠比今日低，智人開始從亞洲經由阿拉斯加進入美洲。對於太平洋遠岸島嶼的探索與移居時間則比較晚，這些遙遠島嶼有人定居大概不會早於兩千年前。位於遙遠南方的紐西蘭是人類移居的最後一個主要陸塊，時間大約是七百到八百年前。

今日我們研究庫克的航海紀錄，不僅可以得知歐洲人的探險歷程，也能了解歐洲人早期與太平洋社會接觸的樣貌。庫克率領的雖然是海軍探險隊，但隨行人員中也有科學家，包括參加第一次航行的約瑟夫·班克斯爵士（Sir Joseph Banks）與參加第二次航行的約翰·佛斯特（Johann Forster）。班克斯招募一群藝術家與科學家前往太平洋，這種做法成為日後探險的範例。船上許多軍官與科學家都撰寫了日誌，現存的數千頁手稿與出版品描述了整個航行過程。就這點來看，庫克的探險故事足以與幾個人物的故事前後輝映，例如查爾斯·達爾文（Charles Darwin）搭乘小獵犬號（Beagle）

展開的旅程，其實是英國政府測量探險的一部分，這趟旅程結合了科學、商業與帝國目標。此外還有羅伯特·法爾肯·史考特（Robert Falcon Scott），身為海軍軍官的他率領的探險隊結合了科學研究與愛國主義情操，企圖代表英國率先抵達南極。

大英圖書館收藏了庫克三次航行的許多原始地圖、藝術品與日誌，其中包括庫克第二次與第三次航行的日誌，他親手繪製的許多地圖，以及隨行藝術家原創的藝術品。本書與搭配舉行的展覽將利用這些收藏品來探索這三次航行的故事。我們的探索不是要講述新的故事，也不是要提出令人驚訝或前人未提過的事實。我們想回歸原始資料，讓許多主要人物為自己說話。從現存史料的性質可以看出，這些史料講述的主要是歐洲視角的故事。儘管如此，數千頁的手稿與出版品仍埋藏了許多較不為人知的參與者的聲音，他們不僅來自歐洲，也來自太平洋地區。即使這些原始資料存在許多漏洞，而且偶爾帶著有意無意的扭曲，我們依然可以看出來自歐洲與太平洋地區這兩種視角的航行故事。

庫克的航行至今仍引起人們高度的興趣，也引發激烈的爭議。對許多人來說，庫克的航行不僅重要，而且與他們切身相關。這三次航行的週年紀念，從 2018 年 8 月開始，也就是奮進號從普利茅斯啟程的 250 年後，直到 2030 年秋天為止，也就是決心號與發現號返回英國的 250 年後，讓我們有機會重新回顧這段歷史。想對這段歷史有更詳盡認識的讀者，可以參考本書最後列出的原始資料及相關主題的近期作品。我們希望本書與這次展覽能激盪出新的研究興趣，重新探討這段歷史及這三次航行對今日的意義。過去與現在的互動，以及人們熟知的歷史講述，往往隨著時代而調整演變，而關於這類主題的研究著作可說是汗牛充棟。250 年前發生的事件及事件後的一切變遷，彼此間有著密不可分的連結。原始資料雖然相同，但詮釋內容卻隨著時代而不斷演變。

EIGHTEENTH-CENTURY BRITAIN
THE WORLD OF JAMES COOK AND JOSEPH BANKS

十八世紀的英國
詹姆斯. 庫克與約瑟夫. 班克斯的世界

大不列顛王國
THE KINGDOM OF GREAT BRITAIN

庫克三次航向太平洋，時間都在英國的帝國與經濟持續擴張的時期。1707 年，英格蘭與威爾斯國會及蘇格蘭國會通過聯合法令（Acts of Union），大不列顛王國正式成立。1760 年英王喬治三世即位，這是英國國家認同獲得發展的一個象徵性時刻。不同於喬治一世與喬治二世出生於德國，喬治三世出生於倫敦，英語是他的母語。他在加冕演說時表示：「我在這個國家出生與接受教育，我以不列顛之名為榮。我這一生的幸福，繫乎民眾福祉的提升，我認為，民眾對我的忠誠與真摯情感，乃是我的王位最堅固永恆的保障。」

1760 年，英國正與法國進行自聯合法令通過以來的第三場重要戰爭。七年戰爭爆發於 1756 年，一直持續到 1763 年，並被形容為「第一場世界大戰」。這一連串為爭奪貿易與領土的戰役，參戰雙方為英國與法國，以及兩國位於歐洲、印度與美洲的盟友。英、法兩國在印度沿岸都設有貿易站，在北美洲也有持續成長的殖民地。在印度，羅伯特・克萊夫（Robert Clive）的勝利促成英屬印度（British Raj）的建立。在加拿大，法國人原本在

聖羅倫斯河（St Lawrence River）沿岸殖民，建立了貿易站與魁北克（Quebec）和蒙特婁（Montreal）等城鎮，法國人的失敗則使英國在此地建立霸權。

喬治三世在演說中形容商業是「英國財富的重要來源」。在十八世紀，人們提到貿易時經常説這是英國成功的核心要素，進一步來説，甚至認為貿易是英國國家認同的命脈。聯合法令賦予民眾「在聯合王國境內的任何港口、地方及隸屬聯合王國的領地與種植園，進行自由貿易與航行」的權利。航海條例將殖民地貿易的權利保留給英國船隻，並限制非英國船隻送貨到英國。收費公路網的發展與港口和內陸水路的改良使貨物運輸量大增，也讓英國與帝國各地連結了起來。土地開墾、加強農作物輪耕、牲畜育種以及從海外引進新糧食，都促使收成增加與商業性農業成長。

除了經濟利益，一般認為貿易也有文明開化的效果。1755 年，米德塞克斯（Middlesex）一所學校的老師威廉・哈澤蘭（William Hazeland）贏得了劍橋大學獎金，他的貿易與自由的互助關係的論文

| 英王喬治三世肖像，大英圖書館，2572, f.24 |

獲得了首獎。哈澤蘭認為，「凡是貿易興盛之處，必能增廣見聞，養成積極進取的精神，獎勵創意與發明，將無知、野蠻、排拒與不信任轉變成互信、藝術與人性關懷；貿易不僅有利於人類生活，也能美化人心。」

喬治三世在演說中保證，「我心愛的臣民的世俗與宗教權利，對我而言與國王最珍視的特權同等重要。」在英國，人們認為世俗自由與宗教自由緊密連繫，但矛盾的是，這個觀點其實源自於反天主教偏見的深刻影響。1688 年，國會罷黜信仰天主教的詹姆斯二世（James II）。1689 年，權利法案（Bill of Rights）把詹姆斯二世的繼位者奧蘭治的威廉（William of Orange）稱為「上帝喜悅之人，他光榮地將王國從天主教會與專制權力手中解救出來」。牛頓曾參加前面所提過的劍橋大學論文比賽，但不幸落敗，他與當時的民眾一樣對外國人有所偏見，牛頓寫道，「每個民族都有固定不變的特殊氣質……法國人從祖先身上得到耀武揚威的野心；西班牙人繼承了驕傲與懶散；英格蘭人與荷蘭人則繼承了勤勉；在這種差異下，有的

民族開放、慷慨與不藏私，有的民族卻利慾薰心、貪婪與不可信任。」

喬治三世也表示，「海軍是發揚我們天賦力量的重要工具。」他指出，英國在東印度群島（East Indies）的勝利，「必須大大削弱法國在當地的力量與貿易，並確保我國臣民商業與財富的最穩固利益」。十八世紀中葉，東印度公司（East India Company）在印度洋貿易上扮演重要的角色，不僅控制了從非洲到中國的領土，而且自己擁有軍隊，來維持殖民地與貿易站的秩序。英國許多發明家、製造商與商人都因為東印度公司的成功而獲利。英國也在大西洋擁有廣大的貿易利益，但與貿易支持自由的理論相反，奴隸貿易構成了歐洲、西非與美洲之間三角貿易經濟的核心。十八世紀中葉，英國船隻包辦了近半數的大西洋奴隸貿易。大城市如倫敦、利物浦與布里斯托則成了奴隸貿易中心，英國許多個人與公司也成為奴隸貿易的受益者。

儘管帝國之間競逐利益，前往世界最大海洋太平洋的歐洲船隻卻少之又少。西班牙是主宰太平洋的歐洲強權，但西班牙船隻通常只沿著西班牙領土間既有的航路航行。英國最後一次大規模探險由喬治·安森（George Anson）領軍，於 1741 年到 1742 年前往太平洋，並在戰爭期間對西班牙船舶與殖民地展開掠奪。這支探險軍飽受壞血病的摧殘，在精確海圖出現之前，這些人的遭遇警醒著後繼者航行太平洋的危險。1763 年七年戰爭結束後，英法的競爭促使這兩國都派遣探險隊尋找土地與商機。1760 年代後半，約翰·拜倫（John Byron）、薩繆爾·沃利斯（Samuel Wallis）與菲利普·卡爾特雷特（Philip Carteret）的英國船探索了太平洋，另一方面，法國航海家路易—安東尼·德·布干維爾（Louis-Antoine de Bougainville）與讓·德·蘇爾維爾（Jean de Surville）則分別於 1768 年與 1769 年率探險隊抵達當地。在這樣的大環境下，庫克開始計畫進行第一次航行。

十八世紀的英國

詹姆斯·庫克
JAMES COOK

1728 年，詹姆斯·庫克出生於約克郡（Yorkshire）瑪爾頓（Marton），也就是今日的米德斯堡（Middlesbrough）。庫克的父親也叫詹姆斯，年輕時從南蘇格蘭移居至北約克郡，以務農為生。1725 年，老詹姆斯娶了當地女子葛蕾絲·佩斯（Grace Pace）為妻，夫婦倆共生下八名子女，只有四名順利長大。1736 年，老詹姆斯在離瑪爾頓幾英里的大艾頓（Great Ayton）擔任農場經理。小詹姆斯在大艾頓村的學校念書，除了研讀《聖經》，他也學會了讀寫與算術。1745 年，在父親的僱主湯瑪斯·斯科托威（Thomas Skottowe）推薦下，他到約克郡沿海漁村斯泰茲（Staithes）一家店鋪當伙計。他在這份工作中每天接觸海洋，1746 年，他在鄰近港口惠特比（Whitby）一位名叫約翰·沃克（John Walker）的船東底下當學徒，開始學習擔任商船船員。

十八世紀中期，惠特比的造船事業日益發達，專門為蒸蒸日上的北海貿易打造成本低廉且堅固的貨船。沃克的船隊將煤炭從新堡（Newcastle）運送到倫敦，庫克在為沃克工作期間，從學徒晉升為

船上第二個指揮者船副（master's mate）。從航行到倫敦與國外（包括波羅的海）的過程中，庫克學會航海技術與管理船隻與船員的廣泛實際經驗。1755 年，沃克想讓庫克擔任船長，但他並未接受，反而加入皇家海軍成為一等水兵。庫克為什麼做這個決定，我們不得而知，但在英法關係日漸緊張的背景下，庫克可能認為皇家海軍具備更好的事業機會。

七年戰爭的前兩年，庫克都在北大西洋擔任巡邏偵察的任務。1757 年，他參與俘獲法國戰艦亞奎丹公爵號（Duc d'Aquitaine）的戰役，但這場勝利也造成庫克的同袍有 12 人死亡、80 人受傷。1758 年，庫克的船奉命開往加拿大，做為支援對法作戰的分遣艦隊。庫克在這次航行中學會了測量與繪製海岸線，並利用這些技術測繪部分聖羅倫斯河河岸，準備於 1759 年攻打魁北克。英軍在魁北克獲勝，這是北美洲戰役的決定性時刻。次年，法軍於蒙特婁投降。

法國在加拿大戰敗之後，庫克奉命測繪紐芬蘭（Newfoundland）的海岸線，從 1762 年到 1767 年，他有條不紊地完成這項任務。這段期間，他也學會天文學的觀測技術。1766 年 8 月，庫克在岸外一座小島觀測日蝕，在比較了同時間於牛津觀測到的日蝕結果之後，就可以精準算出這座小島的經度。倫敦皇家學會一篇論文摘要了這次實驗，並形容庫克是位「優秀的數學家與天文觀測專家」。1768 年，海軍部與皇家學會正尋找一名彼此都能接受的人選前往太平洋，展開探索與科學發現之旅，而庫克的經歷使他成了合適的人選。

約翰·韋博（John Webber）
《詹姆斯·庫克》，1776 年
帆布油畫，國家肖像館，倫敦

「折磨角」

這是庫克測繪的其中一張聖羅
倫斯河海圖。這張海圖顯示自
折磨角（法文 Cap Tourmente，英
文 Cape Torment）進入奧爾良島
（Île d'Orléans）與岸邊之間水道
的航線。1759 年，《倫敦雜誌》
（London Magazine）將這條路線
形容為「聖羅倫斯河最危險的
一段航線」。海圖上的數字記
錄了航行時測得的水深。知道
水深可確保船隻航行安全。這
條水道可以通往魁北克。我們
不知道這張海圖是繪製來準備
於 1759 年攻打魁北克，還是英
軍勝利後所繪。無論如何，庫
克在英軍勝利後被調到諾森伯
蘭號（HMS Northumberland），
繼續測繪聖羅倫斯河。庫克測
繪的海圖絕大多數刊載於 1775
年的《北美洲領航員》（North
American Pilot）上，往後一個多
世紀一直用於航海。

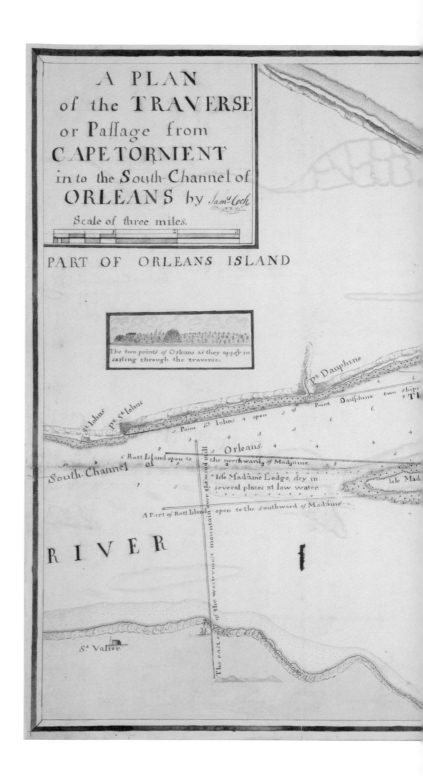

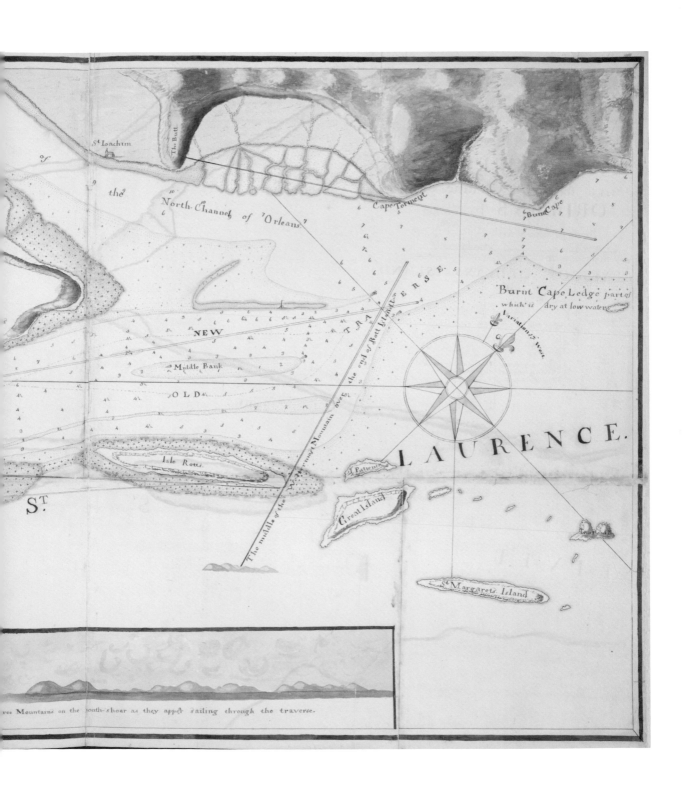

皇家學會與歐洲啟蒙運動
THE ROYAL SOCIETY AND THE EUROPEAN ENLIGHTENMENT

皇家學會建立於 1660 年，並於 1662 年獲得查理二世的特許。皇家學會的設立受到十七世紀大法官法蘭西斯・培根（Francis Bacon）的理想激勵，他認為科學方法的本質是觀察與實驗，而非理論與傳統。往後數十年，皇家學會逐漸成為英國頂尖的科學與哲學機構。1703 年牛頓被選為會長，並一直擔任到 1727 年過世為止。這段時期的皇家學會成員有波以耳（Robert Boyle）、虎克（Robert Hooke）、斯隆（Hans Sloane）與雷恩（Christopher Wren）。牛頓去世時，波普（Alexander Pope）總結這個時代的精神，他寫道，「自然與自然法則隱藏在黑夜裡，上帝說，讓牛頓出世吧！於是一切豁然開朗。」

十八世紀時，皇家學會的核心興趣之一是天文學與探討宇宙。1716 年，皇家天文學家哈雷（Edmund Halley）發表了一項計畫，他要在地球表面不同地點觀察金星從地球與太陽之間通過，以測量地球到太陽的距離。這個現象稱為金星凌日，下次出現是在 1761 年，再下一次為 1769 年。1761 年的觀測因天氣不佳與缺乏有效的協調而失敗，皇家學會因此必須做好準備，於 1769 年進行觀測。皇家學會在喬治三世協助下，計畫派出幾支探險隊前往斯堪地那維亞、加拿大與太平洋記錄金星凌日。正是這項決定促成了庫克的首次航行。

皇家學會的辯論是十八世紀歐洲思想普遍覺醒的一環，從當時起這個過程就被稱為啟蒙運動。早期啟蒙運動的科學援引歐洲以外的知識，包括伊斯蘭世界與中國，這兩個地方在近代早期遠比歐洲來得先進。歐洲印刷技術的發展使各種觀念得以在國與國之間更加快速地傳遞。1695 年，英格蘭與威爾斯廢除許可經營法（Licensing Act），國家不再對出版品進行檢查，可謂學術自由發展的象徵性時刻。十八世紀初，倫敦首次出現日報，往後一百年，許多地方與地區也開始發行報紙。暢銷雜誌如《紳士雜誌》（The Gentleman's Magazine）與《倫敦雜誌》則提供了另一項廣泛傳播觀念的媒介。

強調理性是理解的基礎，這種做法使解釋或量化生活面向的作品有了爆炸性的成長。《百科全書》（L'Encyclopédie）可說是「理性時代」最大的出版事業，全書共 35 冊，從 1751 到 1780 年依序出版。《百科全書》由法國哲學家狄德羅（Denis Diderot）與讓・勒朗・達朗貝爾（Jean Le Rond d'Alembert）編輯，裡頭的文章則由啟蒙運動的重要思想家撰寫。《百科全書》的目標是對世間萬物提供一套理性的解釋，而撰寫者也有意識地在他們認為迷信而盲從的天主教教義之外指點另一條理解世界的途徑。

十八世紀的科學範圍可從 1761 年的童書窺見一斑。湯姆・特勒斯科普（Tom Telescope）的《牛頓哲學體系》（The Newtonian System of Philosophy）假托牛頓之名，寫下一系列包羅萬象的科學解說：從「物質與運動」開始，接下來是「宇宙，特別是太陽系」、「空氣、大氣與流星」、「山、泉水、河流與海洋」、「礦物、植物與動物」，最後則是「人的五感與理解力」。與十八世紀絕大多數科學家一樣，這名虛構的天才兒童相信，在宇宙定律後頭有一個仁慈的造物主：「對我而言，我迷失在無盡的深淵裡。我覺得給予世界生命的陽光，正是上帝榮耀的光芒。」

科學是完整的知識體系，這是十八世紀思想探索的核心。《大英百科全書》（Encyclopaedia Britannica）於 1768 到 1771 年在愛丁堡（Edinburgh）

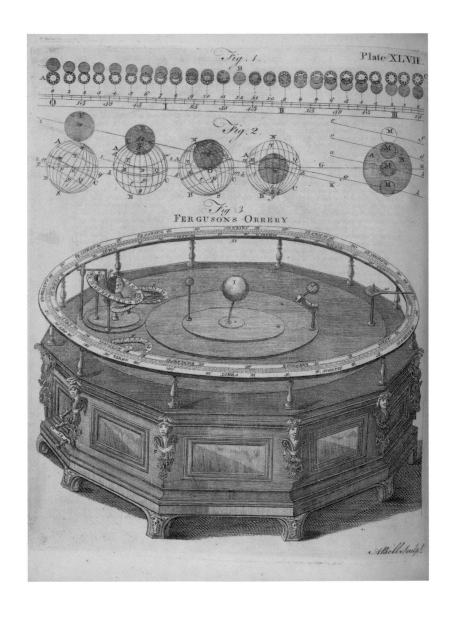

這幅版畫出自《大英百科全書》第一版的天文學論文。圖三展示了詹姆斯・佛格森（James Ferguson）的太陽系儀，這是一種裝置了發條的太陽系模型，太陽位於正中央，行星在一旁環繞著。

《大英百科全書》，1771年，第1冊，插圖47，頁496
大英圖書館，738.f.1

分批出版。1771年，《大英百科全書》完整版問世，書中的導言抨擊過去的百科全書，包括狄德羅的《百科全書》，認為這些作品「錯誤地嘗試以字母順序排列各種科技名詞來傳達科學內容。這種嘗試恰恰牴觸了科學觀念。」根據編輯的說法，《大英百科全書》與先前的百科全書不同，該書「以體系形式或獨立成篇的論文提綱挈領地說明每個學科的原理原則」，「一般人只要願意，都能學習農業、天文學、植物學或化學等各種學科的原理原則」。

科學方法的信仰，引導出進步與現代化的信念。

這是個重大的哲學轉折，把傳統認為現代文化與社會劣於古典希臘羅馬「黃金時代」的觀點倒轉過來。於是，「改良」一詞成了一種簡略的表達方式，用來表示實際運用知識可以讓物質進步的信念。而這樣的信念也充分體現於1754年英國成立的皇家文藝製造商業學會（Society for the Encouragement of Arts, Commerce and Manufactures）。該學會贊助一系列獎項，鼓勵男女創造發明以促進國家經濟力量的發展。科學與商業的強烈連結也同樣展現在自然世界的探究與商業性農業的發展的關係上。約瑟夫・班克斯的事業就是最佳的例證。

約瑟夫·班克斯
JOSEPH BANKS

約瑟夫·班克斯的曾祖父是個成功的律師，他在南林肯郡（Lincolnshire）置產，為家族奠定財富的基礎，也讓自己成為鄉紳。他的兒子娶了德比郡（Derbyshire）商人與礦場主人的女兒，因此大大增加了家族的財富。1714 年，這對夫妻搬到林肯郡雷夫斯比修道院（Revesby Abbey），家族自此定居於此。1741 年，他們的兒子也娶了富有的女繼承人。此時，班克斯家族已經在林肯郡定居三十多年，他們把從商業與工業賺來的錢全用來購置地產，這是進入英國上流社會的基礎。身為地主的班克斯家族，參與了農業現代化的工作，包括藉由填平沼澤來創造新農地。

約瑟夫·班克斯生於 1743 年，他是家族第一個以上層階級成員身分撫養長大的孩子。九歲之前，他在家中接受教育，之後被送往哈羅公學（Harrow School）就讀。1756 年，十三歲的班克斯到伊頓公學（Eton）就讀。他在這兩所學校的成績並不傑出。希臘文與拉丁文讓他傷透腦筋，而這兩門卻是公學的基本課程。一名傳記作家寫

道，班克斯「一直沒學會拼字，甚至不會使用大寫字母與標點符號」。但班克斯卻在伊頓養成了終其一生對植物學的熱情。他晚年對朋友說，這份熱情始於某個夏日傍晚，他在泰晤士河游泳後步行返家。他注意到路旁「長滿了花草」，此時他產生一個念頭，「我應該知道的是這些自然事物，而非希臘文與拉丁文」。

事實上，植物學在當時是一門頗受人矚目的公眾科學，因此班克斯的轉變或許不像他晚年所說的純屬自動自發。1735 年，瑞典植物學家卡爾·林奈（Carl Linnaeus）出版了《自然系統》（Systema Naturae），首度提出植物分類架構，並在日後的作品中繼續發展這個架構。林奈的系統根據植物的花朵與生殖器官之雄蕊與雌蕊的數量與排列，將植物分成24個綱。綱下面又細分為目、屬、種。雖然林奈的系統後來被取代，但他以兩個拉丁文單字為每個植物或動物命名的方法卻沿用至今。

1764 年，21 歲的班克斯定居倫敦，並開始結交朋友與建立合作圈子。這些人包括湯瑪斯·裴南特（Thomas Pennant），他是《英國動物學》（British Zoology, 1766）的作者，以及戴恩斯·巴靈頓（Daines Barrington），他的《博物學家日誌》（Naturalist's Journal）提供每週表格，記錄各項觀察，包括溫度、雨量與植物開花時間。巴靈頓在書中導言表達自己的期望，「從國內各地保留的眾多這類日誌裡，我們期盼或許有一天能獲得最完整與最精確的資料，來撰寫一部大不列顛自然通史，並在農業上取得各項能獲利的改良與發現。」

菲利普·米勒（Philip Miller）也是班克斯的朋友，他是《園丁字典》（The Gardener's Dictionary）的作者。《園丁字典》分成兩冊，在規模以及在植物學領域展現的企圖心上都可媲美《大英百科全書》。

約書亞·雷諾茲爵士（Sir Joshua Reynolds），《約瑟夫·班克斯從男爵肖像》（Portrait of Sir Joseph Banks, Bt.），1771-73 年，帆布油畫，國家肖像館，倫敦

S. Wale inv.? et del.
J. Miller Sculp.
What NATURE sparing gives, or half denies,
See in BRITANNIA'S Lap profusely pours.
See healthfull INDUSTRY at large supplies.
While heaven-born SCIENCE swells th'increasing Stores.
Ecce ferunt Pueri Calathis Tibi Lilia plenis.   VIRG.

菲利普・米勒,《園丁字典》第八版,1768 年。卷頭插畫,大英圖書館,33.i.4–5

1768 年出版的《園丁字典》第八版採取林奈的分類系統,並對外宣傳是「最新的植物學體系」。米勒是藥師學會(Worshipful Company of Apothecaries)的園丁,也是學會在切爾西(Chelsea)的藥草園的管理人,這座藥草園提供許多新藥成分的來源。這幅在書名頁對頁的版畫描繪著如何使用新知識來改良農業,而這幅畫也常被放在愛國主義的脈絡下理解。在自然豐饒的阿卡迪亞(Arcadian)場景中,不列顛女神(Britannia)的矛與盾放在樹下,呼應著版畫下方的詩文:

自然吝於給予或委婉拒絕的事物,
看啊!有益健康的工業都能整個提供。
看啊!在不列顛女神膝上毫不吝惜地傾瀉,
神聖的科學令糧倉為之充盈。

收集標本對於研究自然世界也很重要。1766 年,班克斯前往紐芬蘭進行海外收集之旅。返國後,他開始在丹尼爾・索蘭德(Daniel Solander)協助下編製標本目錄。索蘭德是瑞典人,曾經在烏普薩拉大學(Uppsala University)追隨林奈進行研究,

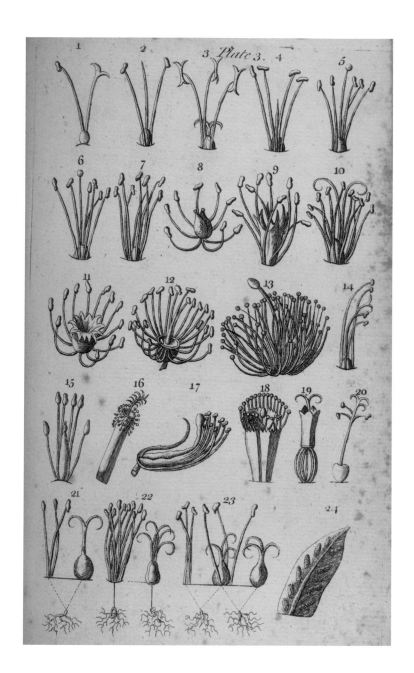

這張圖展示了林奈系統裡的二十四綱植物，包含對科學理論的解釋，以及對技術名詞的釋義。圖片摘錄自約瑟夫·班克斯所擁有的詹姆斯·李（James Lee）作品《植物學導論》（*An Introduction to Botany*, 1760）。大英圖書館，450.f.4

並在當時剛成立的大英博物館負責管理自然史收藏。芳妮·伯尼（Fanny Burney）形容索蘭德是個「善於交際、口才便給、博學多聞且詼諧逗趣的人」。班克斯也僱用了幾名藝術家，其中包括來自愛丁堡的年輕人西德尼·帕金森（Sydney Parkinson），他負責描繪植物以供未來出版之用。

班克斯得知皇家學會計畫派船前往太平洋觀測金星凌日，便主動提出願意資助部分資金，以讓自己的團隊也能上船參與觀測，他的團隊包括了索蘭德、帕金森與另一名來自蘇格蘭的藝術家亞歷山大·布坎（Alexander Buchan）。班克斯在這次航行扮演的角色使他成為英國科學界的核心人物。他在 1778 到 1820 年間擔任皇家學會會長，大力支持將新作物與農業技術推廣到大英帝國各地。班克斯也是在植物灣設立英國監獄殖民地的重要推手，對英國殖民澳洲與太平洋其他地區起了關鍵性的作用。

THE FIRST VOYAGE : 1768-1771

第一次航行：1768-1771

指令
THE INSTRUCTIONS

在庫克航行之前,南太平洋對歐洲人而言主要是個想像空間。從古希臘時代以來,人們一直相信有個南方大陸存在,其大小足以與廣大的北方陸塊相比。托勒密(Ptolemy),人稱西方地圖學的創立者,在二世紀時指出南方大陸的存在,之後南方大陸便一直出現在許多歐洲地圖中。曾經有個理論提到,當地球繞著軸線旋轉時,為了讓世界保持平衡,南方必定有一塊面積與亞洲相當的陸塊。早期繪製的美洲地圖似乎支持這項說法,因為南北兩方各有一塊看似相等的陸塊。

這張地圖顯示了奮進號航行時,歐洲已知的澳大利亞或「新荷蘭」的輪廓。地圖下方繪出了部分塔斯馬尼亞(中間)與紐西蘭(右方)的海岸,1640 年代,阿貝爾·塔斯曼曾短暫造訪這兩地方,但其餘海岸仍不為歐洲所知。

《克蘭克地圖集》(*The Klenke Atlas*),
阿姆斯特丹,1658 年
大英圖書館,Maps K.A.R. (5)

1767 年,英國製圖師亞歷山大·達林普爾(Alexander Dalrymple)出版了《南太平洋發現史》(*An Account of the Discoveries made in the South Pacifick Ocean*),他在書中表示,從航海者瞥見的陸地可以得知,在太平洋肯定有廣大的陸塊等待我們去發現。他寫道:「我們擁有古代留下的紀錄,加上後人經驗的指證,可知在南方大陸上有著物阜民豐的國家;對從事商業的國家來說,沒有任何事比發現新的國家與人民更令人感興趣,不僅能激勵產業,也能為製造業開啟新的出路。」他也提到,「考慮陸地與水的相對重量,赤道南方還需要一塊大陸與北方的陸地抗衡,以維持地球運行所需的均衡。」

1768 年 4 月,庫克奉命率領海軍部—皇家學會聯合探險隊前往太平洋觀測金星凌日。身為製圖師與天文學家,庫克擁有的技術是他獲選的關鍵,或許同樣深富意義的是選來航行的船隻原本是惠特比的運煤船,最近才剛改名為奮進號。海軍部與皇家學會共同同意指令內容,他們要求庫克經由合恩角(Cape Horn)航行到大溪地,「盡一切努力,至少提早一個月或六個星期抵達當地」,如此才有時間準備觀測。大溪地是最後一刻才選定的地點,這是根據 1768 年 4 月,薩繆爾·沃

利斯率領的英國探險隊返航，帶回了歐洲人第一次登陸大溪地的消息之後所做的考量。

離開大溪地之後，庫克還有第二批指令要執行，這些指令裝在密封的袋子裡，由海軍部單獨下令。這些指令要求庫克尋找新的土地，包括南方大陸，發現這些土地「將可大大增添國家做為海上強權的榮譽，提升大不列顛君主的尊嚴，並且讓國家的貿易與航海更往前邁進」。若能發現土地，庫克將測量海岸線與「觀察土壤的性質與土地的產物；居住或出沒在該地的野獸與禽鳥，以及發現的各種魚類」。指令中也提到，「如果你發現任何礦藏、礦物或珍貴石頭，每一種你都要採集樣本返國，此外還有各種樹木、果實與穀物的種子，都必須盡可能收集。」

海軍部也指示如何與奮進號造訪地的居民建立關係。這些指令可能是基於沃利斯在大溪地的行動而起。根據沃利斯的說法，他的船下錨停泊時，遭到獨木舟船隊猛烈攻擊，為了驅散這些船隻，他只好下令舷側大砲開火，殺死許多攻擊者。他還將大砲對準在岸邊觀看的群眾，殺死的人不計其數，之後他登陸並且宣稱這座島已被征服，歸英國所有。當時衝突的詳細過程，與其他許多這類事件一樣，大溪地人這一方的說詞完全沒有留存下來。

海軍部指示庫克：

> 如果有原住民，要觀察他們的天資、脾氣、性格與人數，並努力以一切適當的方法與他們培養友好關係與訂立盟約，選擇能讓他們珍視的小東西為贈禮，邀請他們進行貿易，在各方面都以禮貌與尊重的態度對待他們；然而，要留意對方偷襲，小心提防各種意外。

至於之前從未有歐洲人造訪過的土地，海軍部則指示，「你也要在原住民同意下，以大不列顛國王之名在該國取得便利地點」。

庫克也收到皇家學會會長兼經度委員會（Board of Longitude）專員莫頓勳爵（Lord Morton）的書面建議。莫頓敦促庫克「避免濫用火器，而且要牢記：

> 讓那些人流血是最嚴重的罪行……在他們居住的幾個地區，他們是自然的擁有者，而且從最嚴格的意義來說，他們是合法的所有者。除非他們自願同意，否則歐洲民族沒有權利領他們國家的任何部分，也沒有權利與他們一同居住。征服這些人並無正當性，因為他們絕不是侵略者。

莫頓的關注反映出兩種觀點，首先是啟蒙運動反對過去歐洲進行海外征服與殖民的做法，其次是愛國的觀點，認為在英國自由價值影響下進行的探索與促進貿易，兩者可以不同的方式進行。西班牙「征服者」（conquistadors）在南美的所做所為經常被援引為無情對待其他民族的明證。博物學家約翰・佛斯特曾參與庫克的第二次航行，他表示，「在一個較為粗鄙的時代裡，西班牙人是殘酷的；我們應該帶著更多光明與原則，努力不讓自己重蹈西班牙人的覆轍而受後世指責。」

儘管不乏這些善意，海軍部與莫頓勳爵給予庫克的指令依然有許多曖昧不明之處。什麼是與不熟悉歐洲法律與風俗的民族培養友好關係與訂定盟約的「適當方法」，什麼是不適當的方法？登陸陌生之地，若不知道當地的權力結構或社會風俗，區別「自衛」與「濫用火器」是否真有那麼簡單？在缺乏共同語言、法律與經濟制度的狀況下，是否可能在當地居民「自願同意」下取得土地？

大西洋
THE ATLANTIC

1768 年 8 月 26 日，奮進號從普利茅斯出發。英國船員熟悉北大西洋水域，庫克日誌的前幾頁因此相當平淡。相較之下，約瑟夫·班克斯的日誌就充滿了興奮之情。庫克熟悉而且覺得無足稱述的海域，對班克斯來說是許多生物的家園，許多尚未被科學界分類或描述。9 月 4 日，班克斯提到當天抓到的一隻昆蟲：

> 我從未在自然界看過如此美麗的顏色，大概只有寶石才能比擬……這種蟲子我們稱之為 opalinum，牠在水裡顯現出各種光澤與顏色，我們彷彿看到一枚真正的蛋白石；我們把牠放在裝了鹹水的玻璃杯裡，仔細檢視數小時；牠在水中敏捷地四處衝刺，每個動作都顯示出變化無窮的色彩。

在整趟航行中，海洋生物的收集持續進行，其中一些標本至今仍收藏在博物館中。有個大烏賊顎部標本據信是班克斯於 1769 年 3 月 3 日，也就是奮進號進入太平洋不久後收集到的。他在日誌裡寫著：「這天我也發現一隻剛死的大烏賊漂浮在水面，軀體已被鳥啃成碎片，種類難以辨識；我只知道用這隻烏賊煮的湯是我喝過最好喝的湯。」

大烏賊的口器標本。
英國皇家外科學院，倫敦

這是全景畫三部分的其中之一。
幾個重要地點以字母標出。

亞歷山大‧布坎
「從下錨處觀看里約熱內盧市景」，1769 年
大英圖書館，Add MS 23920, f.8

九月中，奮進號在葡萄牙島嶼馬德拉（Madeira）停泊五天，班克斯與索蘭德首次有機會在陸地上收集樣本。他們獲得島上英國主任醫師湯瑪斯‧赫伯登（Thomas Heberden）的協助，赫伯登同時也是一名熱心的自然哲學家。班克斯以批判的眼光審視島上「簡單而未改良」的工業，然後帶著十八世紀海外英國人的優越感，貶低葡萄牙人「遠遠落後歐洲其他國家，大概只有西班牙人比他們還差」。儘管如此，班克斯承認「這裡的氣候非常好，任何人都希望住在這裡，享有英國法律與自由帶來的好處」。

10 月 26 日，奮進號越過赤道。依照海軍傳統，船員們會舉行儀式，將從未到過南半球的人丟進海裡。班克斯寫道：「庫克船長與索蘭德博士都在黑名單上，我、我的僕人與狗也在上面，我不得不用一定數量的白蘭地向負責把人丟入海中的船員討饒，如此他們才願意放過我們。」

里約熱內盧（Rio de Janeiro）是葡萄牙帝國在南美洲的中心，探險隊到了此地，希望上岸卻遭到拒絕，對方要求除非有軍隊陪同，否則不准採買補給品。庫克提到他與總督見面時的狀況：「他顯然不相信我們要到南方觀測金星凌日的說法，他認為這只是我們編出來的說詞，用來隱藏我們從事的其他任務。」班克斯偷偷上岸一天，發現自己深受這個國家吸引，「這裡充滿種類多樣的動植物，絕大多數是博物學家從未描述過的」。他把葡萄牙人的守口如瓶歸因於他們想隱瞞黃金與鑽石富礦的地點，儘管如此，他還是想找出這些礦脈。他記錄這些礦脈「位於內陸，實際上沒有人知道要走多遠……因為只要被發現沒有充分的理由走在路上，就會立刻被絞死。」

火地群島
TIERRA DEL FUEGO

導言

離開里約之後，船隻繼續朝南美洲最南端前進。一月在南半球是仲夏季節，但寒冷迫使庫克發放冬衣給船員，這些冬衣還有個稱呼，叫「無畏外套」。1769 年 1 月 11 日，位於南美洲最南端的火地群島（Tierra del Fuego）已出現在眼前。火地群島的名字指「火之地」，這是 1520 年麥哲倫經過島嶼與南美大陸之間的海峽（現在稱為麥哲倫海峽）時，看到當地居民升起的火燄而命名的。火地群島周圍的海域極為凶險，直到 1616 年才由荷蘭航海家雅各布・勒梅爾（Jacob Le Maire）從島嶼南方通過。勒梅爾的航行由荷蘭合恩鎮的商人資助，因此勒梅爾在通過南美洲最南端時，將此地命名為合恩角。

奮進號在繞經合恩角之前，先靠岸取得木柴與水，並在岸上設立營地。雖然西班牙與葡萄牙帝國控制南美洲絕大部分的地區，但大陸南端仍未殖民，從歐洲人的觀點來說，就是大部分的地區仍未探索。這是探險隊首次遭遇未受歐洲殖民政府統治的非歐洲民族。1492 年，哥倫布誤以為自己到了亞洲，美洲的居民因此被歐洲人稱為「印第安人」，如今探險隊也將這個詞彙套用於太平洋地區的居民身上。班克斯寫道：

> 我們走不到一百碼，海灣的另一頭就出現許多印第安人……但看到我們的人數多達到 10 到 12 人，他們便往後退。於是索蘭德博士與我往前走一百碼，來到剩下的印第安人面前，其中兩名印第安人也走上前，他們在離同伴五十碼的地方坐了下來。我們一接近那

> 兩個人，他們便起身，各自將手裡的棍子朝遠離他們與我們的方向扔，無疑地，這是和平的信號。他們輕快地朝其他人走去，然後揮手要我們跟在後頭，我們照做了，而且獲得熱烈而粗魯的友善對待。

一般相信他們遇到的是豪許人（Haush people），因當時豪許人生活在那個地區。在海灘碰面的過程帶有形式性，顯示豪許人已建立一套與外來訪客建立和平關係的做法。遠征隊造訪期間，豪許人看到各種歐洲物品，包括「帆布、褐色羊毛布、串珠、釘子、玻璃等」，而且族人間互相流通禮物。三名豪許男子上船參觀，班克斯發現他們熟悉槍枝的使用，「他們以槍對我發信號，要我射擊跟在船後頭的海豹」。

十八世紀時，火地群島是最南端人類的居住地。奮進號在此停留了五天，這段期間，班克斯盡可能收集當地與豪許人的資訊。藝術家布坎也依照指令繪製一系列人物、房舍與工藝品畫作。這些作品表現出豪許人與他們的文化在十九世紀晚期因疾病與衝突造成人口銳減之前的樣貌，也顯示班克斯在航行途中收集民族誌與文獻記錄的過程。對班克斯來說，精確記錄造訪的社會，其背後的目標與他希望藉由收集資料為自己在國內知識圈建立名聲，兩者並行不悖。在記錄非歐洲社會與文化的過程中，班克斯一行人也把自己對非歐洲人的看法帶進記錄之中，他們的繪畫與日誌敘述也受到歐洲藝術與哲學傳統的影響。

亞歷山大‧布坎
「好成功灣奮進號取水處景象」，
1769 年
大英圖書館，Add MS 23920, f.11

布坎加入航行前的生平幾乎毫無記載。在火地群島時，班克斯描述在前往內陸採集植物途中，布坎突然癲癇發作。1769 年 4 月 17 日，布坎再次因癲癇發作而在大溪地去世。班克斯參加他的葬禮後寫道：

這麼傑出而善良的年輕人離開人世，我對此由衷感到哀悼。他的死造成的損失不可平復，我想把在這裡看到的景象帶回給英國的朋友欣賞，這個美夢已然破滅。光憑筆墨，

實不足以描述這裡人物與他們的服飾，只有繪畫才做得到：如果神能多給他一個月的時間，將對我的工作帶來莫大助益，然而我只能接受現實。

布坎遺留下來的畫作，主要在火地群島完成。從上述文字可以看出，這些畫作原本要搭配班克斯的航行記述一起出版。因此，這些畫與班克斯描述當地民眾與風俗的日誌內容是密切結合的。

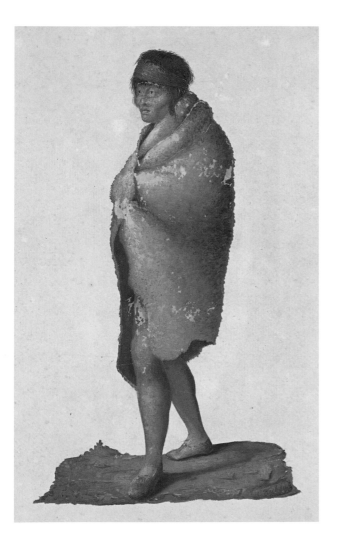
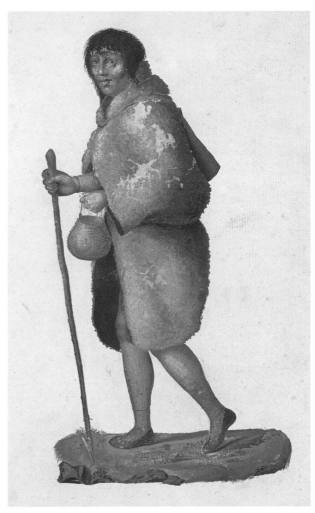

火地群島的男女

班克斯如此描述他在火地群島遇見的男子:「他們穿的衣服不過是羊駝或海豹皮做的斗篷,隨意披在肩上,下擺幾乎達到膝蓋……有些人穿著生海豹皮做成的鞋子……他們用一種褐色精織的環布裹住前額。」班克斯描述他看到的女子時提到,她們的衣物與男子類似,「退潮時採集貝類,她們一手拿著籃子,另一手拿著一根前段削尖、帶著倒鉤的木棍,並揹著用來裝貝類的背包。」

亞歷山大・布坎
「火地群島的男子」與「火地群島的女子」,1769 年
大英圖書館,Add MS 23920, f.16, f.17

火地群島的一家人

班克斯在 1769 年 1 月 20 日的日誌中描述他造訪
的一個村落，這個村落距離好成功灣（Bay of Good
Success）的登陸地點約兩英里：

> 這個村子只有 12 到 14 間小屋或棚屋，令人
> 難以想像的是，這些屋子看起來完全不像人
> 工建造，事實上這大概是我所見過最不需費
> 力建造的屋子，我甚至不知道是否該稱它們
> 為屋子。這些屋子僅由幾根柱子支撐，柱子
> 在頂端交會成圓錐狀，然後在迎風面的柱子
> 覆蓋草木，背風面則預留屋子外圍長度約八
> 分之一的開口，生火的地方就設在開口旁。

亞歷山大・布坎
「火地群島的小屋居民」，1769 年
大英圖書館，Add MS 23920, f.14a

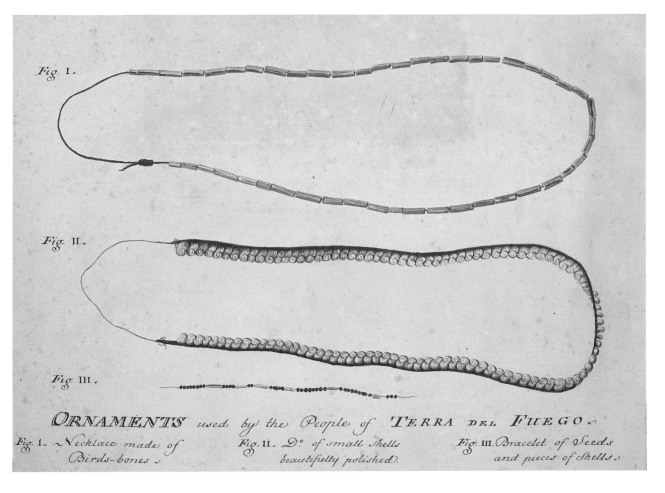

Fig. I.

Fig. II.

Fig. III.

ORNAMENTS used by the People of TERRA DEL FUEGO.
Fig. 1. Necklace made of   *Fig. II. D.º of small Shells*   *Fig. III. Bracelet of Seeds*
Birds-bones.   *beautifully polished.*   *and pieces of Shells.*

亞歷山大‧布坎
「火地群島居民使用的飾品」，1769 年
大英圖書館，Add MS 23920, f.20b

工藝品

布坎也繪製了班克斯一行人收集的工藝品，包括
這些項鍊。圖上的每副項鍊都編寫了數字與說
明，這是為了日後出版這些畫作時，可以讓雕版
師依照這些編號與說明進行複製。劍橋考古學與
人類學博物館收藏了一串庫克航行時收集到的項
鍊。由於庫克第二次航行時也曾造訪火地群島，
因此我們無法確定這串項鍊是哪一次航行收集
的，不過它與布坎畫作裡的第二串項鍊倒頗為相
似。

貝殼項鍊，火地群島
考古學與人類學博物館，劍橋

大溪地
TAHITI

導言

從合恩角前往大溪地途中，探險隊在未測繪的地區只看到一望無際的海水，並未發現有些歐洲製圖師所說的南方大陸。班克斯滿意地指出，「我們已將製圖師計算的陸地平方度數字改為海水」。四月初，奮進號經過幾個小島群，1769年4月13日，船隻抵達大溪地，與沃利斯一樣在瑪塔維灣（Matavai Bay）下錨。沃利斯離開後，布干維爾率領的法國探險隊也造訪了大溪地。布干維爾日後描述他的船員與大溪地女人發生性關係，且把大溪地稱為「新基西拉島」（new Cythera），也就是以希臘愛神阿芙蘿黛蒂（Aphrodite）從海中出現的地點附近的島嶼命名。布干維爾的說法讓歐洲人對大溪地產生了刻板印象，以為這裡是對性無拘無束的地方。英國人與法國人的造訪，使大溪地出現過去從未有過的性病。

當奮進號接近岸邊時，就看到獨木舟載著食物前來交易。庫克一行人上岸後，大溪地人鼓勵每位訪客按照他們的做法採集一根綠色樹枝，然後將樹枝丟到一塊清理過的空地上，表示建立和平。班克斯興奮地說：「我們看到最真實的世外桃源，我們將成為這裡的國王，這已不再是想像。」從比較實際的角度來說，庫克的首要之務是與島上的統治者或統治者們接觸，以取得補給或獲得允許在岸上紮營。沃利斯造訪期間，曾與一位名叫普莉亞（Purea）的女性領袖建立良好關係，她曾被誤認為是「歐塔海特女王」（Queen of Otaheite，即大溪地女王）。庫克上岸後，過去曾與沃利斯一起航行到大溪地的約翰‧戈爾（John Gore）告訴庫克，「這裡肯定發生過一場很大的革命——不只居民人數減少，許多房屋也被夷平。」

事實上，在沃利斯造訪後，島上的政治局勢因為大酋長或阿里伊‧拉希（ari'irahi）的王朝繼承問題而有了劇烈變化。普莉亞與丈夫阿莫（Amo）企圖擁立兒子擔任大酋長的野心遭受挫敗，他們的敵人於是聯合起來，在一場血腥戰爭中擊敗他們。普莉亞的敵人包括圖特哈（Tuteha），他在奮進號抵達後造訪瑪塔維灣。庫克與他互通姓名，這在大溪地社會有共組同盟的意思。4月28日，普莉亞在獨木舟船隊伴隨下抵達瑪塔維灣。曾經與沃利斯一同航行的奮進號航海長羅伯特‧莫里諾（Robert Molyneux）為班克斯在人群中指出普莉亞：

> 我們的注意力完全從其他事物轉移到眼前這位在歐洲聲名遠播的人物身上：她年約四十歲，身材高大健壯，皮膚白皙，眼神似乎傳達著各種意思，她年輕時可能十分美麗，但現在已很難從她身上找出舊日的風華。

庫克提到，雖然普莉亞是她「家族或部族」的首領，但她對島上「其他居民並無權威」，相反地，圖特哈「從各方面來看才是島上居民真正的酋長」。自從奮進號抵達後，圖特哈便定期拜訪奮進號，而且帶著補給品前來。庫克寫道，「當他發現我們曾接待普莉亞時，看起來不太高興，於是我帶他上船，送他禮物，他的心情隨即好轉。」

與先前造訪的歐洲人一樣，許多英國人與大溪地婦女發生性關係。班克斯興致勃勃地描述早期上岸時的狀況，「我在人群中發現一名非常美麗的女孩，她的眼神熱情如火。」雖然日後流傳的許多煽情描述提到班克斯與其他人在大溪地的香豔史，但現存的日誌卻顯示，絕大多數人尋求與個別女子建立穩定關係，而這些女子通常會向歐洲人要求物品做為交換。（庫克是個例外，他在航行期間似乎都維持獨身。）班克斯在上述邂逅中受阻，一方面是當地酋長有一名善妒的妻子，另一方面則是索蘭德的鼻菸盒與一只看歌劇用的眼鏡剛好在這個時候不見。幾天後，他提到自己與普莉亞侍女的關係，並稱這名年輕女子為歐瑟歐席亞（Otheothea）。

西德尼‧帕金森
「歐塔海特島（大溪地）酋長的房屋與種植園」，1770年
大英圖書館，Add MS 23921, f.10b

歐洲物品做為貿易商品的吸引力如此之大，以致在造訪期間船員與大溪地人從船上與岸上營地偷竊物品的事件層出不窮。這類竊盜案件在三次航行造訪的絕大多數地方不斷發生，成為船隻與岸上最常見的衝突根源。在大溪地停泊期間發生的最嚴重竊盜案件是一名男子偷走海軍陸戰隊員的火槍。當時庫克、班克斯與其他人不在登陸地點，當他們返回時，發現負責的少尉見習官允許海軍陸戰隊員開槍射擊那名逃亡的男子並將他擊斃，過程中似乎還傷及他人。這種狀況往後在其他地方將會反覆出現，班克斯還描述一名長老如何充當和事佬：

> 夜晚來臨前，透過他的協調，我們把他們當中一些人聚集起來，向他們解釋那名被打死的人罪有應得（因此我們不得不殺了他），我們回到船上，對於當天發生的事感到很不是滋味。無疑地，我們對那人的死有罪惡感，即使是最嚴厲的法律也不會施予如此嚴厲的懲罰。

庫克遵照莫頓的建言，決心避免「濫用火器」，這使得他尋求別的方法取回遺失物品。五月初，用來觀測金星凌日的重要器材天文四分儀不見了。庫克在日誌裡記錄了自己的行動。「我馬上決定扣留灣裡所有的大型獨木舟，並抓住圖特哈與其他重要人物，直到找出四分儀為止。」

這是庫克為了找回遺失物首次扣留人質，未來他仍會繼續使用這個做法，而這也導致他在夏威夷的死亡。這次四分儀很快就歸還了，但庫克與圖特哈花了數天才和解，這段期間島民也停止攜帶食物前來交易。雙方為了和解而互贈禮物，並舉辦了大型聚會與公開的摔角表演。

金星凌日

金星從地球與太陽之間通過，稱為金星凌日。金星會在短時間內連續通過兩次，但下一回連續通過兩次，則要再等一個世紀以上。1761 年觀測失敗後，只剩 1769 年可以觀測，因為下一次能精確觀測金星凌日的時間要等到 1874 年。哈雷認為藉由視差，也就是從不同位置觀察物體產生的角度差，可計算出地球到太陽的距離。1619 年，克卜勒（Johannes Kepler）建立了一個公式，用來計算每個行星與太陽的相對距離。如果可以知道地球到太陽的實際距離，那麼就可以計算出太陽系的大小。

奮進號大約在金星凌日前六個星期抵達大溪地。庫克「立刻在瑪塔維灣的東北角選定一處適合觀測金星凌日的地點，同時在艦砲的射程內建立防禦用的小堡壘」。庫克嘗試向大溪地人解釋堡壘的用途。「我不太確定他們是否聽懂我的意思，但似乎沒有人對於我們要做的事感到不悅。事實上，我們選定的地點對他們來說毫無用處，這裡是緊鄰灣岸的沙灘。」

庫克與查爾斯‧格林（Charles Green）和索蘭德在「金星堡」（Fort Venus）觀測金星凌日。庫克也派人到東北角海岸與鄰近的茉莉亞島（Mo'orea）觀測。前往茉莉亞島的班克斯提到他如何向當地人解釋這次觀測：「在金星首次內部接觸後，我帶著塔羅阿（Tarroa）、努那（Nuna）及他們的隨從前往觀測站與我的夥伴會合；我們向他們展示金星凌日的現象，並解釋我們是為了觀測這個現象前來。」那天，透過望遠鏡觀看天文現象的島民可能認為觀測行為是這群訪客的一種宗教儀式。在社會群島（Society Islands）上，人們稱呼金星為塔烏魯阿—努伊（Ta'urua-nui），她是星辰之母阿提亞（Atea）的女兒，象徵和平與繁榮。

觀測金星凌日使用的是反射望遠鏡，這種望遠鏡藉由鏡子來聚焦光線。目的是記錄金星經過太陽表面時四個階段的精確時間。庫克也提到他在金星堡的觀測：

一整天萬里無雲，視野非常清楚，我們希望的各項條件都齊備了……我們非常清楚地看到環繞金星外圍的大氣層或暗影，這會影響我們觀測的接觸時間，特別是兩次的內部接觸。索蘭德博士、格林先生與我都做了觀測，我們觀測到的接觸時間，其中的差異遠比我們預期的還大。

同樣的問題也出現在挪威與加拿大的觀測上，我們現在知道這是地球大氣層亂流導致望遠鏡看到的金星影像趨於模糊（稱為「黑滴現象」）。儘管如此，法國天文學家傑羅姆‧拉朗德（Jérôme Lalande）卻能使用 1761 年與 1769 年收集到的資料計算出，地球到太陽的距離是 153,000,000 公里，與實際距離 149,600,000 公里（92,900,000 英里）的誤差小於百分之三。

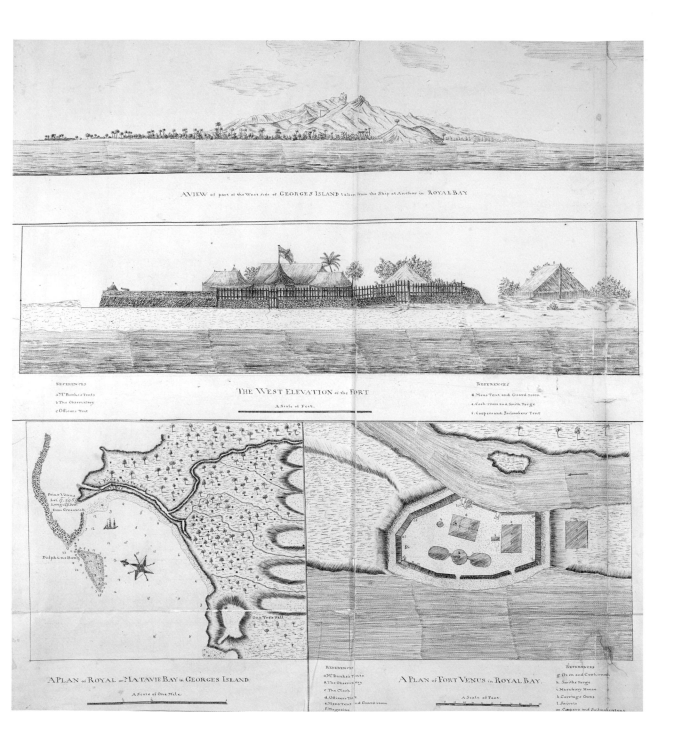

A VIEW of part of the West side of GEORGES ISLAND taken from the Ship at Anchor in ROYAL BAY

THE WEST ELEVATION of the FORT

A Scale of Feet.

REFERENCES
a Mr Banks's Tents
b The Observatory
c Officers Tent

REFERENCES
d Mens Tent and Guard-room
e Cook-room and Smith Forge
f Coopers and Sailmakers Tent

A PLAN of ROYAL or MATAVIE BAY in GEORGES ISLAND

A Scale of One Mile.

A PLAN of FORT VENUS in ROYAL BAY.

A Scale of Feet.

REFERENCES
a Mr Banks's Tents
b The Observatory
c The Clock
d Officers Tent
e Mens Tent and Guard-room
f Magazine

REFERENCES
g Oven and Cook-room
h Smiths Forge
i Necessary House
k Carriage Guns
l Swivels
m Coopers and Sailmakers tent

這幾幅金星堡圖由查爾斯・普拉瓦爾（Charles Praval）
所繪，他在奮進號返航時加入了庫克。一般認為這幾
幅圖是已經亡佚的原作複製品。
大英圖書館，Add MS 7085, f.8

西德尼. 帕金森
SYDNEY PARKINSON

西德尼‧帕金森大約在 1745 年生於愛丁堡，父母是伊莉莎白與喬爾‧帕金森（Elizabeth and Joel Parkinson）。帕金森家是貴格會信徒（Quakers），雖然父親早逝，帕金森依然接受了良好教育，並且成為羊毛布商的學徒。他很早就嶄露成為自然史藝術家的天分，一般認為他曾經從學於威廉‧德拉庫爾（William de la Cour），後者曾於 1760 年時在愛丁堡開設一所民間籌資的藝術學校。

1765 年，帕金森在倫敦的自由藝術家學會（Free Society of Artists）展出幾幅花卉繪畫作品。此後，帕金森受僱於詹姆斯‧李，負責在詹姆斯‧李於漢默史密斯（Hammersmith）開設的苗圃裡繪製植物，並教導他的女兒安（Ann）畫畫。在李的介紹下，帕金森獲得班克斯的委託，負責繪製班克斯探險隊從紐芬蘭與拉布拉多（Labrador）帶回來的標本，並且為班克斯複製印度哺乳類與鳥類動物的畫作。之後，班克斯僱用帕金森擔任奮進號航行的畫師，負責繪製在太平洋收集到的動植物樣本。

帕金森在航行期間繪製了超過 1,300 幅畫作。在澳大利亞時，班克斯曾於日誌裡寫道：「僅僅 14 天，一名畫師已經畫了 94 幅素描，他的動作真是迅速。」為了迅速完成畫作並保存數量稀少的顏料，帕金森通常以素描繪製植物，然後在每個部分添上顏色樣本，這樣返國之後就能完成原畫。

布坎死後，帕金森也擔負起繪製風景與人物的重任。由於缺乏顏料，帕金森只能以筆或薄薄的淡彩取代，他的畫作因此特別容易辨識。這裡的兩幅畫顯示大溪地與鄰近島嶼的各種生活面向。麵包樹是這些島嶼其中一種主食，「麵包」長在樹上的說法，使歐洲人產生一種刻板印象，以為大溪地是座樂園之島。第二幅畫所繪則為外圍島嶼塔哈阿（Taha'a）的雙體獨木舟。這兩幅畫可能是未來出版航行記錄時，用來製作書中版畫的底稿。

1771 年 1 月，帕金森於返航途中離世。他的自然史畫作在英國完成，銅版畫也根據他的畫作製作出來。然而，這項計畫的規模有所延宕，班克斯想出版的書一直未能完成。直到 1980 年代，自然史博物館計畫才出版《班克斯的植物圖譜》（Banks' Florilegium），全書共 34 冊，收藏了 738 幅版畫。帕金森描繪的許多人物畫與風景畫，都成為具代表性的圖像。

13

圖帕伊亞
TUPAIA

普莉亞造訪瑪塔維灣時，身邊經常跟著一名男子。這名男子名叫圖帕伊亞（Tupaia），他是普莉亞的顧問。圖帕伊亞是戰神歐若（Oro）的大祭司（tuhuna），戰神的主神廟位於圖帕伊亞的家鄉賴阿提亞島（Ra'iatea）的塔普塔普阿提亞（Taputapuatea）。圖帕伊亞也是阿里歐伊（arioi）的成員，阿里歐伊是一個教派團體，以身上特殊的刺青著稱。祭司除了主持宗教典禮，也是知識的保存者，這些知識包括醫藥、天文學與航海。班克斯停留大溪地期間，與圖帕伊亞日漸親近，他擔任起顧問與嚮導，而且實際上成為科學團隊的一員。庫克形容他是一位「非常聰明的人，他比我們過去遇見的人都了解這片海域的島嶼地理，以及這些島嶼上的物產、居民的宗教法律與風俗」。班克斯與庫克的日誌包含大溪地社會與風俗的長篇描述，一般相信這是根據他們與圖帕伊亞的對話寫成的。

當奮進號準備離開大溪地時，圖帕伊亞與他的僕人塔伊亞托（Taiato），一名年約 10 或 12 歲的男孩，兩人希望前往英國，於是一起加入航行。在胡阿希內島（Huahine），圖帕伊亞擔任口譯與中間人，確保新抵達者遵守正確的社會與宗教規範。在他的指引下，船醫威廉·蒙克豪斯（William Monkhouse）參與了歡迎儀式，因為他在英國人當中的地位最接近玻里尼西亞社會裡的祭司與治療者。1769 年 7 月下旬，奮進號抵達圖帕伊亞的家鄉賴阿提亞島。這座島嶼被波拉波拉島（Bora Bora）首領普尼（Puni）征服後，圖帕伊亞便離開了自己的島嶼。圖帕伊亞與英國人結盟的動機之一，似乎是希望以奮進號的大砲協助驅逐入侵者。帕金森的日誌記錄了圖帕伊亞對這段衝突的描述：

> 歐塔海特（即大溪地）與鄰近島嶼的酋長把一些犯下偷竊與其他罪不致死的罪行的犯人流放到附近的島嶼波拉波拉……歐普尼（Opoone，即普尼）是這些罪犯中罪行最重大的，他巧妙取得其他罪犯的支持，然後被推舉為首領或國王；之後，隨著流放的犯人越來越多，歐普尼的勢力也越大，於是他開始冒險攻打歐塔侯人（Otahaw）……之後，他又征服了尤里－埃特亞島（Yoolee-etea，即賴阿提亞島）與其他島嶼。

圖帕伊亞搭乘奮進號來到紐西蘭與澳洲。他在返航英國途中染上熱病，在巴達維亞（Batavia，今日的雅加達 Jakarta）去世。1990 年代，發現了一封班克斯寫給皇家學會成員道森·特納（Dawson Turner）的書信，信上提到圖帕伊亞在紐西蘭畫了一幅畫，而由此推論出有一系列的畫作應該出自圖帕伊亞之手。這些畫原本不知道作者是誰，但一般相信這些畫出自同一人之手，因為這些畫的風格，包括畫中人物的頭髮、手與腳的表現方式都極為類似。這些畫原被認為出自班克斯之手，因為這些畫與他日誌裡的描述有著明顯的連結。

就目前所知，圖帕伊亞自己沒有任何肖像畫留存下來。這幅模糊的畫作描繪了兩名跳舞的女性，這是圖帕伊亞留下的一系列畫作之一，是在班克斯寫給道森·特納的信被發現後才公諸於世。
圖帕伊亞，〔兩名拿著響扇的女孩〕，1769 年
大英圖書館，Add MS 15508, f.13

主哀悼者與跳舞的女孩

右圖顯示的是主哀悼者（Chief Mourner）的服裝，主哀悼者負責主持大溪地的葬禮。他神聖禮服的每個部分都有不同的象徵意義，一穿上這套禮服，他就擁有「召喚」神明的力量，能讓神明協助死者進入羅胡圖－諾阿諾阿（Rohutu-no'ano'a），也就是阿里歐伊的樂園。1769 年 6 月，班克斯詢問他的朋友圖布拉伊（Tubourai）自己能否參與送葬行列。日後他寫道：

> 他穿上服裝，看起來極其怪異，卻不顯得不相稱，被服裝覆蓋後的人形遠比文字更能說明一切。接下來輪到我做準備，我脫下歐洲服裝，換上一小塊纏腰布，這是我身上僅有的衣物，但我沒有理由對自己的赤裸感到羞恥，因為女性並沒有比我多穿多少。接著，他們開始用木炭和水將我和他們自己的身體塗黑，印第安男孩全身都黑了，婦女與我則是肩膀以下全黑。然後，我們動身……

送葬行列通過堡壘，「我們的朋友看了大吃一驚」，隊伍繼續沿著海岸行進，所到之處人們紛紛走避，「他們就近掩蔽，不是躲在草叢中，就是躲在可以藏匿他們的地方」。班克斯寫道，葬禮結束後，「我們到河裡，彼此搓洗身上的黑色塗料，身體還沒清洗乾淨，河水就已經染黑了。」

右圖畫的是一名跳舞女孩。班克斯的日誌記錄了大溪地與鄰近島嶼的一些舞蹈，這幅畫的繪製時間並不清楚。班克斯記錄 1769 年 8 月 7 日在賴阿提亞島，「他帶帕金森先生到黑瓦（Heiva），這樣他就可以畫服裝的素描」，圖帕伊亞可能也跟著前往。在這幅畫裡，跳舞女孩的嘴是扭曲的。班克思描述他所見的舞者如何「以最不尋常的方式歪斜她們的嘴」。他也在日誌中描述舞蹈的風格：

> 她們穿著這身服裝，完美應和著輕快響亮的鼓聲，朝側面行進；她們隨即搖動臀部，讓

覆蓋身上的衣褶快速地晃動，她們持續這樣的動作，直到舞蹈結束為止。她們時而站立時而坐下，時而採取跪姿或以手肘支撐休息，但大部分時間她們的手指都以超乎想像的速度舞動著。

圖帕伊亞，〔跳舞的女孩與主哀悼者〕，
1769 年
大英圖書館，Add MS 15508, f.9

圖帕伊亞，〔溪地的
樂手〕，1769 年
大英圖書館，Add MS
15508, f.11

一群樂手

這幅水彩畫描繪四名阿里歐
伊樂手，包括兩名吹鼻笛手
與兩名鼓手。鼓手穿著提普
塔（tiputa），這是一種以未
染色的樹皮布製成的雨披。
班克斯在 1769 年 6 月 12 日
的日誌裡描述這個或類似的
團體：

> 有一大群人圍繞這個樂
> 團，樂團有兩個吹笛
> 手及三個鼓手，鼓手一
> 邊敲鼓一邊唱和；他們
> 唱了許多歌曲來讚美我
> 們，這些男士就像古代
> 的荷馬（Homer）一樣既
> 是詩人又是音樂家。這
> 些印第安人發現我們喜
> 歡他們的音樂，便要求
> 我們唱一首英國的歌曲
> 給他們聽，我們欣然同
> 意，而且獲得熱烈的喝
> 采。

第一次航行：1768-1771

兩幅示意圖

在大溪地社會，「瑪拉埃」（marae）意為一個神聖場所或神龕。據信，上圖鉛筆畫中是瑪海亞提亞（Mahaiatea）的瑪拉埃，這是普莉亞與阿莫為他們的兒子就任阿里伊‧拉希（大酋長）所興建的。1769 年 6 月 29 日，庫克與班克斯造訪此處。最近發生的戰爭將這裡摧毀大半，許多遭到殺害者的遺體仍留在鄰近沙灘上。班克斯寫道：

> 它的龐大與精細令人難以置信……它的形式
> 如同一般的瑪拉埃，外觀類似房子的屋頂，
> 但斜面並不平滑，而是形成十一道階梯，
> 每道階梯高四英尺，總高度達 44 英尺，長
> 267 英尺，寬 71 英尺。每道階梯都由一層
> 白色的珊瑚石構成，每一層石頭都是整齊的

方形，而且打磨得十分光亮。

這幅畫顯示，鋪設在瑪拉埃前方的方形石塊及一層層往上通到中央石造平台的階梯。方型石塊上的祭壇放著祭祀歐若的供品，中間是法瑞‧阿圖阿（fare atua）或神屋，裡面供奉歐若的神像。

第二幅畫（右圖）的位置較不清楚，不過一般認為這幅畫描繪的也是瑪海亞提亞。據信這些畫是用來展示大溪地宗教儀式的各種面貌，以示意而非精確的方式呈現空間，而且從不同的角度呈現不同的特徵。同一幅畫裡呈現出不同的畫風，可能作畫者不只一人。

前頁
圖帕伊亞，〔瑪拉埃示意圖〕1769 年
大英圖書館，Add MS 15508, f.16

上圖
圖帕伊亞，〔瑪拉埃示意圖〕，1769 年
大英圖書館，Add MS 15508, f.17

圖帕伊亞，〔大溪地一景〕，1769 年
大英圖書館，Add MS 15508, f.14

大溪地一景

這幅素描不僅展現出大溪地生活的各個面向,畫作本身也是一件藝術品。畫的背景是一棟長屋,旁邊種著主食作物,包括露兜樹、麵包樹、香蕉樹、椰子樹與芋頭。畫中對各種植物細節的關注,顯示畫作的繪製目的也許是為了向班克斯說明大溪地農業的主要特徵。

畫的前景有一艘獨木舟與另外兩艘作戰獨木舟,雙方人馬在船隻前方的平台上戰鬥。圖帕伊亞畫下這些,也許是為了說明大溪地人的作戰方式。庫克在日誌裡描述這些作戰獨木舟:

> 這些大型雙體獨木舟的船頭安放了一塊長方形平台,平台長約十到十二英尺,寬約六到八英尺,以堅固的雕刻木柱支撐在舷緣上方約四英尺的位置:我們得知這些平台的用途在於戰爭時可以讓持棍的戰士站在上面戰鬥,就我所知,這些大型獨木舟的主要功能——雖不全是如此——是戰爭,而它們作戰的方式是以抓鉤固定住彼此,然後戰士們以棍棒、長矛與石頭相互攻擊。

這幅畫的示意性質顯示其可能為集體創作,在不同的時間,隨著討論主題的不同而添加不同的元素。

圖帕伊亞的南太平洋海圖

當庫克一行人離開賴阿提亞島時，班克斯寫道，我們「航向海洋，到機運與圖帕伊亞可能引領我們前往的地方搜尋」。圖帕伊亞的航海技術源自於玻里尼西亞累積數世紀的島嶼間長途航行的經驗，他們的航路保存於口述傳說中，包括故事與歌謠。圖帕伊亞曾預言，奮進號若朝賴阿提亞島正南方行駛，應該能找到更多島嶼。8月14日，船抵達魯魯圖島（Rurutu），這座島是南方群島（Austral group）之一，然而由於海浪洶湧及島上居民群聚於海灘反對，因此庫克一行人未能登陸。

日後航行時，庫克在日誌裡列出太平洋島嶼的名稱，他寫道，「上述清單引用自島嶼海圖。這是圖帕伊亞親手畫的，他曾經告訴我們有將近130座島嶼，但他只在海圖裡列了74座。」原始海圖並未流傳下來，而大英圖書館保存的海圖（見翻頁後的海圖）則是根據地圖下方空白處的註記而認定是庫克所繪。這張海圖試圖以歐洲地圖學來為玻里尼西亞地理知識提供證明，至今學者仍對這張海圖的精確性與意義爭論不休。大溪地周圍的島嶼是人們熟悉的，但遠離地圖中心的島嶼則不易辨識，與已知的位置也不符。

人們提出幾個理論來解釋這個現象。最普遍的說法是，島嶼排列成以大溪地為中心的同心圓，反映的是島嶼間的航行路徑與距離，而非傳統歐洲海圖的標示方式。另一個可能則是庫克翻譯錯誤，或圖帕伊亞不確定這些遠離他家鄉的島嶼位置，這些可能造成有些島嶼在標示上的錯誤。還有人指出，庫克混淆了玻里尼西亞語中的北與南，導致他把一些島嶼弄成了反方向。

其中五座島嶼旁附有文字說明，這或許是圖帕伊亞所說的話的英語拼音。參與庫克第二次航行的博物學家約翰・佛斯特在1778年出版的作品中曾試圖翻譯這些文字，他認為這些文字透露了先前與歐洲船隻的接觸。舉例來說，佛斯特把大溪地旁邊附加的文字「Meduah no tetuboona no Tupiapaheitoa」翻譯成「圖帕伊亞提到，在他曾祖父的時代，曾有一艘帶著敵意的船來到這裡」。佛斯特認為，這指的是1606年，佩德羅・費爾南德斯・德・基羅斯（Pedro Fernández de Quirós）率領的西班牙探險隊。1950年代，庫克日誌的編輯約翰・比格霍爾（John Beaglehole）也翻譯出類似的內容（「祖父的父親看到一艘帶有敵意的船」）。與佛斯特一樣，比格霍爾也認為附加文字是指歐洲船隻造訪，但對於佛斯特所說基羅斯曾造訪大溪地一事則抱持懷疑。

近年來，學界對於這段附加文字是否意指歐洲船隻造訪的假設性說法開始提出質疑。拉爾斯・艾克斯坦（Lars Eckstein）與安雅・史瓦茲（Anja Schwarz）在即將發表的文章中提到，這段附加文字指的是玻里尼西亞的航海史，包括對帆船的描述，而且這段附加文字來自1770年圖帕伊亞在紐西蘭與一位名叫托帕阿（Topaa）的男子的討論。這段討論部分被班克斯記錄下來，而班克斯也增添了自己對這段故事的詮釋：

> 圖帕伊亞自己、他的父親或祖父過去從未見過像奮進號這麼大的船隻，但他們的傳說曾提到有兩艘大船，遠比他們的船來得大，這兩艘船在某個時間來到這裡，然後被居民完全摧毀，船上的人也全被殺死。圖帕伊亞說，這是非常古老的傳說，年代遠比他的曾祖父還要古老，而且他說的這兩艘大獨木舟，是來自他曾跟我們提過的島嶼歐里瑪洛阿（Olimaroa）。他說的是否正確，抑或只是塔斯曼船的傳說……我們難以論斷。

西德尼・帕金森
〔在海上遭遇風暴的奮進號〕，約 1769 年
大英圖書館，Add MS 9345, f.16v

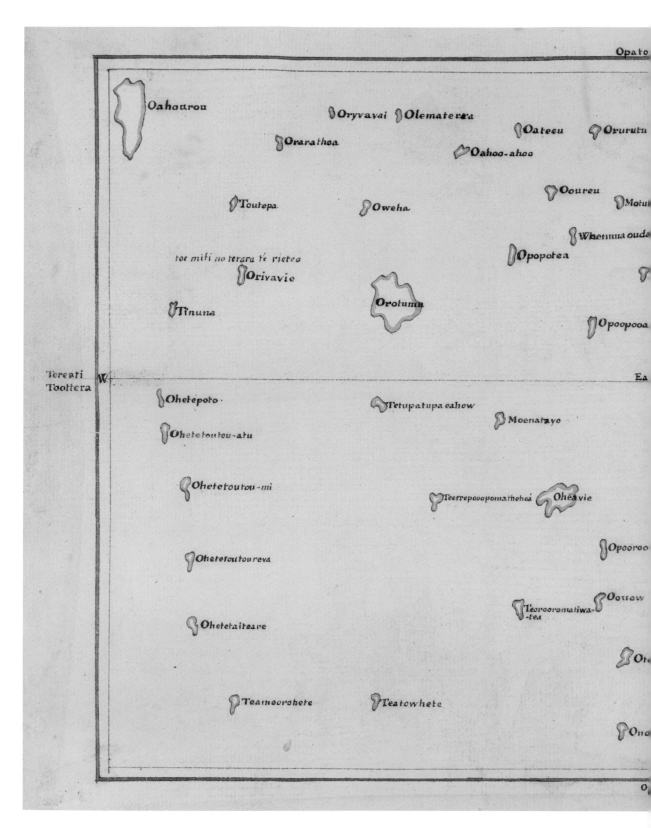

認定為詹姆斯・庫克所繪，
〔根據圖帕伊亞提供的資訊描繪的太平洋島嶼海圖〕，約 1769-70 年
大英圖書館，Add MS 21593 C

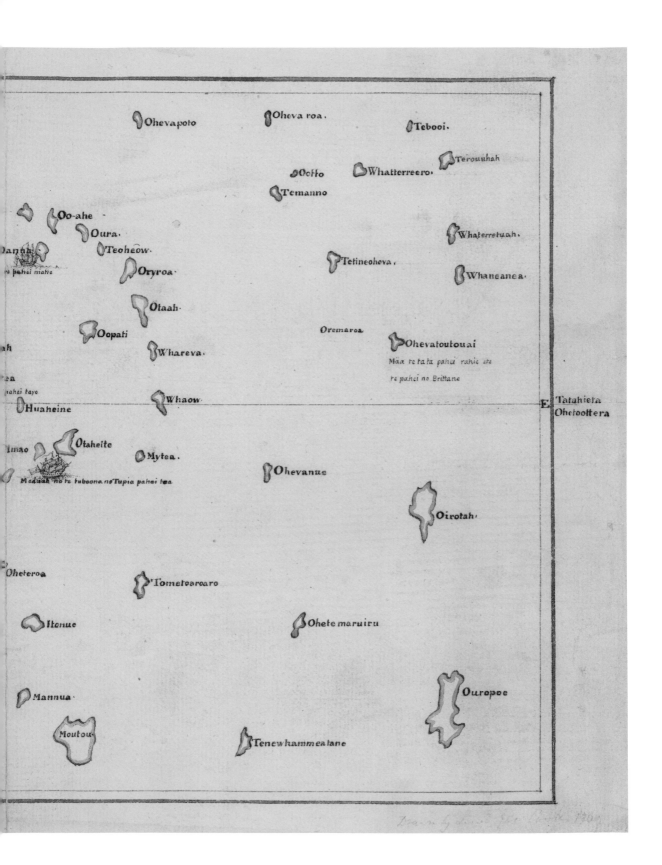

奧特亞羅瓦
AOTEAROA

庫克奉命從大溪地往南尋找南方大陸，「直到抵達南緯 40 度為止」。9 月 1 日，風暴來襲。帕金森描述道，「海浪像山一樣高……船上每件可移動的物品幾乎都翻倒在地，四處滾動。」抵達南緯 40 度之後，庫克往西航行尋找陸地，直到抵達紐西蘭海岸為止。在此之前，1642 年，阿貝爾·塔斯曼曾短暫造訪此地。社會群島與紐西蘭的距離約有 2,500 英里（4,000 公里）。

庫克不知道奮進號正尾隨數世紀之前航海家的路徑，他們從玻里尼西亞群島出發，來到這塊他們稱之為奧特亞羅瓦（Aotearoa，「長白雲之鄉」）的陸地，而這塊陸地日後將稱為紐西蘭。雖然確切年代不清楚，但考古證據顯示，第一批登陸者大約在 1300 年到達此地，這批登陸者日後稱為毛利人（Māori）。口述傳說記錄了一些瓦卡（waka，獨木舟）遠洋航行的旅程，有幾艘瓦卡（如同日後的奮進號）抵達北島肥沃的東岸陸地。

圖帕伊亞登上奮進號，以及他能與遇見的民族說共同的語言，構成世界史上的特殊時刻，有些人一開始聽到這些故事時，還以為是返航船員誇大不實的說法。1774 年 1 月，約翰·衛斯理（John Wesley）坐在爐邊，「興致勃勃地」閱讀庫克航行的官方記錄時，不禁被「裡頭荒誕不經的內容」所激怒。衛斯理說道：「舉例來說，據說一名歐塔海特原（即大溪地）住民可以了解另一座島的語言，而這座島與他原來居住的島嶼在緯度上相差了 1,100 英里，這還不包括在經度上可能相差幾百英里！」從此以後，這些初始的航海故事一直讓後世感到驚奇。

近幾十年來，學界持續研究這些旅程使用的航海

技術，包括利用傳統工法建造獨木舟來重現過去的航行。駕駛傳統獨木舟出發時，航行者使用一種名為「後視」（back sighting）的技術，藉由觀測船後方的明顯地標來確保船隻航線正確，圖帕伊亞當初就是以這種技術指引奮進號前往大溪地附近的島嶼。白天，日升日落可以做為方向的參考點。在太平洋信風長時間穩定吹拂下，海面的浪濤也為方向提供指引。夜晚，星辰與行星位置的知識可用來維持航向。班克斯在總結大溪地時寫道：

> 遠航時，大溪地人在白天仰賴太陽，夜晚時則依靠星辰來維持航向。大溪地人知道大部分星辰的名稱，比較聰明的還能辨別任何一個月份在天空的哪些部分可以看見哪些星辰出現在地平線之上；他們也知道星辰每年出現與消失的精確時間，其精確的程度恐怕連歐洲天文學家都難以相信。

一般相信初始的航行是為了遷徙。獨木舟裝載各種建立新家園所需的補給品，包括抵達後用來種植的糧食作物。有一種說法認為，航行者從鳥類的遷徙推斷出西南方可能有陸地，這些鳥類包括長尾杜鵑與金鵙，牠們總是在春天離開玻里尼西亞往南飛，秋天又從南邊飛回來。鯨群的遷徙也顯示這點，因為鯨魚通常在鄰近陸地的平靜水域生下小鯨。越接近陸地，雲層的排列、浮木與浪濤的變化都會顯示出視線外海岸線的存在。

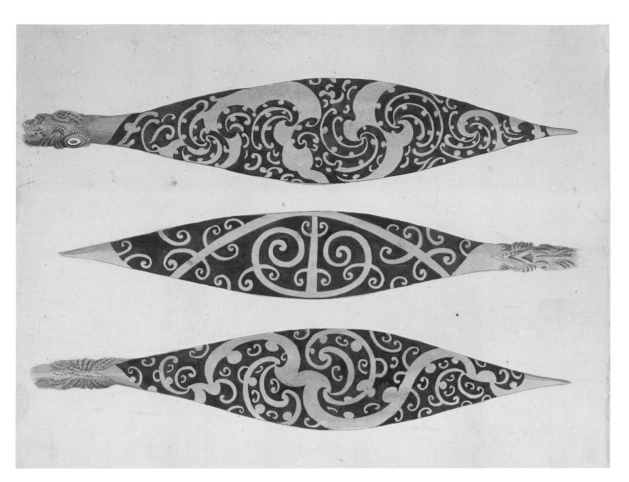

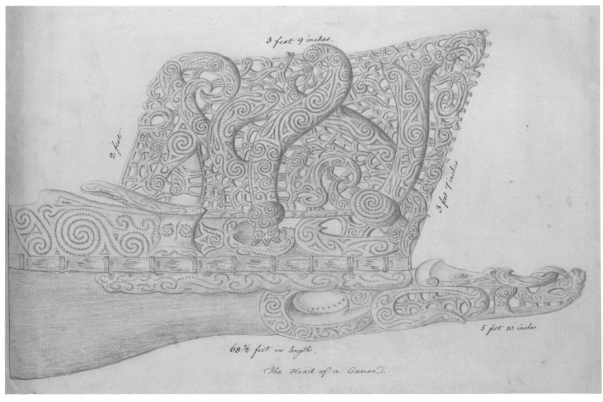

The Head of a Canoe.

紐西蘭
NEW ZEALAND

導言

從 1642 年阿貝爾‧塔斯曼離開到 1769 年庫克抵達，中間 127 年未有歐洲人造訪紐西蘭。在這段期間，塔斯曼繪製的一小部分海岸——主要涵蓋北島西岸——已合併到歐洲地圖裡，有時被顯示成南方大陸往北延伸的部分。海軍部的指令規定，庫克要在「船隻狀況、船員健康與糧食補給允許的條件下，盡可能探索海岸」。

從九月下旬開始，奮進號船員便持續搜尋陸地，他們發現一團團的海草與漂浮的樹枝，顯示他們已離海岸不遠。10 月 6 日，陸地出現在眼前。第二天，隨著船行駛更加靠近，班克斯詳細寫下他的第一印象：

> 日落時，船員們爬上桅頂；陸地仍有七到八里格（leagues，一里格約合三英里）的距離，看起來比以往都要來得清楚，許多地方有三、四排到五排山脈，重巒疊嶂，有些似乎相當高聳險峻。大家對於島嶼、河流與海灣等有著不同的意見與猜測，但似乎都同意，這裡必定是我們尋找的南方大陸。

奮進號抵達北島東岸的圖朗加努伊－歐－基瓦（Tūranganui-o-Kiwa），也就是現代城市吉斯伯恩（Gisborne）的所在地。第一天晚上，在探索岸邊一處居民匆促放棄的村子時，庫克一行人聽到槍聲，於是返回沙灘。他們只看到小艇舵手站在離岸處，先前庫克命令四名船員於岸邊留守小艇，後來有四名手持長矛的武裝人士接近，於是舵手擊斃其中一人。一般認為死者是那提‧歐內歐內（Ngāti Oneone）的酋長特‧馬羅（Te Maro）。

往後 24 小時，又發生兩起事件，英國人開槍造成了致命結果。重建這兩起事件主要的困難在於雙方對事件的掌握南轅北轍，英國人的日誌描述極為詳細，但毛利人卻缺乏詳細的目擊證詞。庫克與班克斯的日誌對英國人的行為提出解釋與理由，他們的說法獲得出版而且成為描述這些事件時最常引用的資料。另一名英國人威廉‧蒙克豪斯的日誌收藏在大英圖書館，他對隔天發生的第二起事件的描述，將於後面的段落進行檢視。

在第三起事件中，庫克決定攔截灣裡的一艘漁船，他認為自己能掌握雙方接觸的狀況，但卻因此引發暴力衝突，漁民試圖防衛，英國人開槍殺死至少兩人或甚至四人。漁船上三名年輕倖存者被帶到奮進號上，並獲得飲食與衣物。他們的名字是特‧豪朗吉（Te Haurangi）、伊基朗吉（Ikirangi）與瑪魯考伊提（Marukauiti）。班克斯寫道，當晚其中一人情緒不佳，由圖帕伊亞出面安撫。「他們於是唱起自己的歌，歌曲聽起來倒還雅致，如同《詩篇》的曲調，音域寬廣而悠揚。」

第二天早晨，一行人上岸。三名年輕人與圖帕伊亞與聚集在圖朗加努伊河（Tūranganui River）對岸的 150 多人對話。瑪魯考伊提的叔叔從對岸游過來，手裡拿著一根綠樹枝，雙方締結和平。當天下午，奮進號離開圖朗加努伊－歐－基瓦，庫克將此地命名為貧乏灣（Poverty Bay），因為他在此地未獲得任何補給。

奮進號往南航行到南緯 40 度，然後轉向北方。當船沿著海岸航行時，從岸邊駛出了獨木舟想挑釁造訪者。圖帕伊亞擔負起重要的翻譯者與中間人角色，他花了許多時間解釋造訪者的身分，並詢問毛利人的社會與風俗習慣。雙方進行貿易，庫克一行人以大溪地的布、釘子與其他物品與對方換取魚類，但雙方關係依然緊張，而且隨時可能發生變化。

10 月 21 日，就在圖朗加努伊－歐－基瓦北方不遠處，兩名長老划著獨木舟朝奮進號而來，庫克歡

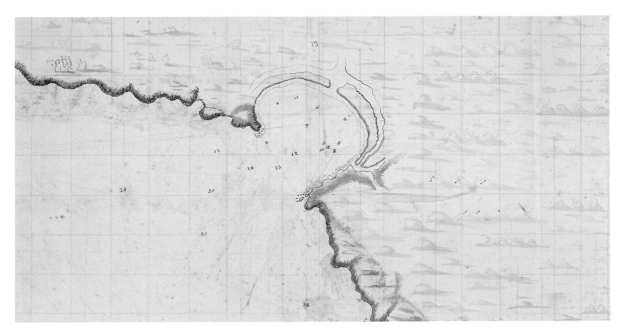

詹姆斯・庫克
顯示紐西蘭北島部分海岸的海圖，包括圖朗加努伊－歐－基瓦（「貧乏灣」），1769 年
大英圖書館，Add MS 31360, f.53

迎他們上船並致贈禮物。圖帕伊亞與他們對話，他們同意奮進號停泊在安諾拉灣（Anaura Bay）。這兩人顯然已計畫好如何安排這次造訪。第一天晚上，班克斯描述：「每一戶人家或兩到三戶人家的居民……坐在地上，未朝我們走來，他們只是以單手朝胸部揮舞來召喚我們，以此表示邀請之意。」關係很快就變得比較和緩，庫克也以大溪地的布換取食物與其他用品。班克斯寫道，居民「似乎很高興看到我們，也對貿易獲得的東西感到滿意」。兩天後，在當地人建議下，庫克把船移到鄰近的烏阿瓦（Uawa），並將當地命名為托拉加灣（Tolaga Bay），這裡比較容易取得水源。奮進號在那裡停留了一星期，然後繼續北行。

11 月初，在一位名叫托伊亞瓦（Toiawa）的酋長勸說下，奮進號停泊在特・凡加努伊－歐－黑伊在（Te Whanganui-o-Hei）。11 月 9 日，庫克與格林觀測水星凌日，並精確測得海灣的經度，庫克不可免俗地將此地命名為水星灣（Mercury Bay）。臨行前，庫克依照慣例「以陛下之名正式占領這塊土地」。11 月 19 日，從大河河口對岸駛來兩艘

獨木舟，造訪者也被邀請上岸。他們當中，已有人從親族那裡聽聞庫克造訪水星灣的事。班克斯寫道，在河畔的一個村落裡，「民眾成群結隊來到河邊邀請我們入內……我們登陸並在那裡逗留，村民非常客氣有禮，他們生性如此，無論我們是否與他們熟識。」

11 月 29 日，奮進號在一個有許多島嶼的海灣停泊，庫克稱這座海灣為「島嶼灣」（Bay of Islands）。他們在其中一座島嶼登陸，根據英國人的描述，庫克一行人被兩、三百人包圍，其中許多人持有武器。日誌的描述混亂，有些地方自相矛盾。庫克寫道，有些人試圖搶奪船隻，他、班克斯與其他人對他們開槍射擊。一名酋長試圖召集他的族人，「索蘭德博士見狀，也鼓起勇氣射擊。」船上的大砲朝群眾頭頂上方射擊，嚇得他們在海灘上四處奔逃。庫克大概想起莫頓勳爵的指示，特別強調未造成嚴重傷亡，他寫道，「只有一、兩個人受了槍傷」。一名長老擔任中間人，雙方談和，奮進號在當地停留了幾天。

赫曼・斯波靈
「托拉加灣」，1769 年
大英圖書館，Add MS 23920, f.38

繞行北島與南島

1769 年 12 月，奮進號與一艘法國船在幾英里的距離內交會而過，這艘法國船的船長是尚・德・蘇爾維爾，同樣肩負探索太平洋的任務。蘇爾維爾的船員飽受壞血病之苦，他們一行人於 12 月 17 日繞過北角（North Cape），在這段期間奮進號則因為遭遇風暴而被吹離陸地。蘇爾維爾在托克勞（Tokerau）登陸，在此之前，庫克已將此地命名為無疑灣（Doubtless Bay），蘇爾維爾起初與當地民眾關係良好，因此得以換取糧食與飲水。而當法國船的小艇在風暴中失蹤時，雙方的關係也隨之惡化。蘇爾維爾計畫說服一名當地人上船一同航行，「日後藉此獲取這個國家的資訊」。當雙方出現爭執時，蘇爾維爾直接綁架態度友好的酋長，在出航時帶他上船，後來酋長在航程中死去。1770 年 4 月，蘇爾維爾在駛向秘魯海岸尋求援助時溺死。

奮進號只花了一個星期就完成北島西岸的旅程，期間並未登上陸地。庫克寫道，「盛行西風將這片大海吹向岸邊，使這裡成為非常危險的海岸。」奮進號探索北島與南島之間的海峽，這道海峽日後稱為庫克海峽，1770 年 1 月 16 日，奮進號在南島北端的海灣停泊。庫克寫道，一些人划獨木舟靠近我們，「然後朝我們丟擲石塊，與圖帕伊亞對話之後，他們當中有些人冒險上船。」庫克一行人上岸，「我們發現有一條水質清澈的美麗溪流，至於木材，這裡有一整片森林……我們撒網捕魚，捕獲了三百磅重的各種魚類。」

逗留一段時間之後，庫克獲得一位名叫托帕阿的長老的允許，在莫托拉島（Motaura Island）山頂豎立旗桿，庫克描述旗桿上記錄了奮進號的名稱與造訪此地的日期：「固定好旗桿後，我們升起英國旗幟，我將這個海灣命名為夏綠蒂王后灣（Queen Charlottes Sound），以國王陛下之名宣布占領這個海灣及其鄰近島嶼。」托帕阿不可能了解這個儀式的性質或庫克正宣稱擁有這片土地。庫克又說，「我們喝酒祝福國王與王后身體健康，並將空瓶送給長老（他和我們一起上山），他感到很高興。」

二月初，奮進號離開夏綠蒂王后灣，起初往北航行，想繞行北島。但之後又南行，沿著南島東岸而下。夏綠蒂王后灣的民眾告訴英國人，南方的陸地是一座島嶼。儘管如此，船上的人開始爭論他們經過的陸地是否為南方大陸的一部分。班克斯寫道：

> 現在船上分成兩派人馬，一派希望眼前這塊陸地是南方大陸，另一派希望不是：我自己最堅定支持前者，遺憾的是，我必須說，我這一派的人少得可憐，我深信真正打從心裡這麼想的只有我跟可憐的少尉見習官，其他人已經開始想念烤牛肉了。

3月5日，班克斯描述前方的陸地轉而向西，「但大陸派不認為這是陸地的盡頭；儘管事實已明擺著，但我們大陸派仍樂觀地認為南方有更多的陸地。」3月6日，班克斯雀躍地看見陸地繼續往南延伸，他寫道，「我們的不信者幾乎快認為大陸派終將勝出。」到了3月8日，顯然「那不過是雲霧，雖然當時確實沒有人懷疑它那穩定不移的外觀是一塊陸地」。

3月9日拂曉時分，奮進號差點撞上礁石沉沒。順利躲開礁石後，班克斯寫道：「這塊陸地看來很貧瘠，山嶺逐漸下降，最後隱沒在一個點上，我們大陸派深感遺憾；我們不禁認為，來自西南方的大浪與缺乏陸塊的破碎地形，幾乎可以確定這裡將出現明顯的岬角。」

1770年3月10日，班克斯在日誌裡寫下這句話：「一整天吹著涼爽的風，這陣風帶領我們繞過岬角，也摧毀了南方大陸這座空中樓閣。」

沿著南島多山的西岸往北航行，全程只花了一個星期，期間未著陸。帕金森提到經過的陸地時寫道：「這裡看起來如同想像中的蠻荒與浪漫之地。岩石與群山山頂覆蓋白雪，山嶺自沿海地帶一層層堆疊上去：近岸的山坡長滿森林並夾雜著山谷，從谷地往上直到山頂，只見部分山巔隱沒於雲層裡。」

1770年3月26日，奮進號在南島北端停泊。庫克一行人已經繞行北島與南島一周。帕金森在日誌裡寫下的東西，在今日看來似乎比在當時更具意義，「第二部分的陸地與第一部分大小相仿，兩者加起來與大不列顛差不多大。」

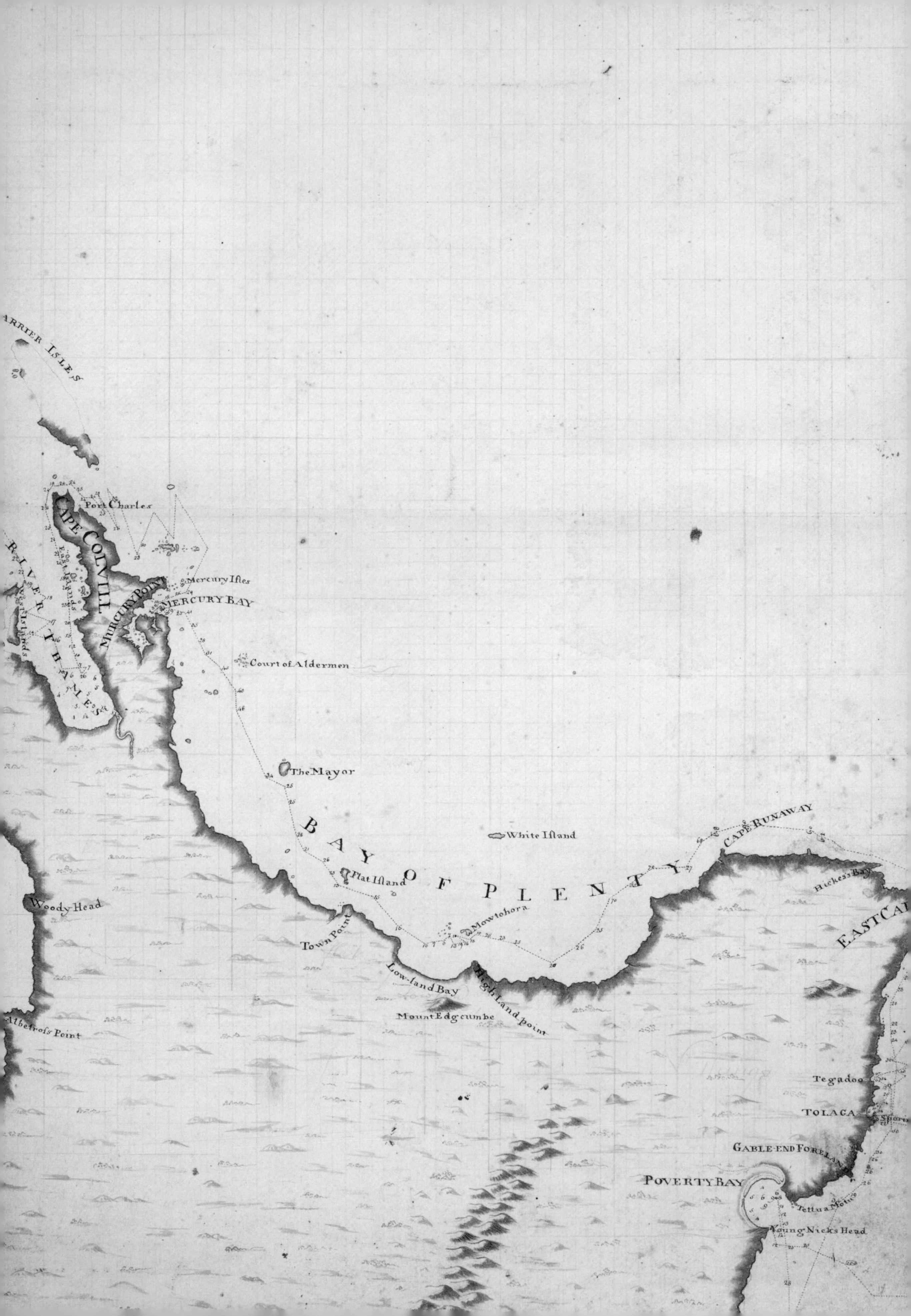

BARRIER ISLES

CAPE COLVILL

Port Charles

River Thames

Mercury Point

Mercury Isles

MERCURY BAY

Court of Aldermen

The Mayor

BAY OF PLENTY

White Island

CAPE RUNAWAY

Hickes Bay

Woody Head

Flat Island

EAST CAPE

Town Point

Mowtohora

Low-land Bay

High-land Point

Albatross Point

Mount Edgcumbe

Tegadoo

TOLAGA

GABLE END FORELAND

POVERTY BAY

Tettua Motu

Young Nicks Head

詹姆斯・庫克
〔紐西蘭北島東岸部分地區海圖〕，1769 年
大英圖書館，Add MS 31360, f.53

測繪地圖的科學

庫克繪製紐西蘭海岸時獲得天文學家查爾斯・格林、航海長羅伯特・莫里諾與其他軍官的協助。這張地圖是在船上繪製的，繪製時使用了一種名為「航行測量」（running survey）的技術。奮進號沿著海岸行駛，但與海岸隔著充足的距離，如此才能辨識出沿岸地貌的重要特徵，並以羅盤從一連串「船隻通過的位置」測量重要的海岸地貌的方位。船在兩個位置之間移動時也測量水深，並對海岸線進行素描。如果天氣晴朗，每天正午也可測量經緯度。為了確保連續性，至少日落時可見的海岸地貌在隔日黎明時也必須能看見。

一般認為，庫克將當天正午到隔日正午，每 24 小時所做的測量繪製於野外原圖（field sheet）上。每天晚上，庫克會把前一天的野外原圖描摹到初測編繪原圖（preliminary compilation sheet，見頁 61 的例子）上。若有需要，過去 24 小時做的觀測可用來調整船與海岸的位置。在紐西蘭製作的初測編繪原圖有三張留存了下來。運用這些原圖資料可繪製出比例尺較小的地圖，從而顯示出較長的海岸線。庫克使用麥卡托投影法（Mercator's projection）繪製這些地圖。這種繪製法的經度比例固定，但因考量地球表面弧度，緯度比例隨著遠離赤道而增加。

海岸線經度的測量，則使用一種名為「月角距」（lunar distances）的測量法。雖然從十六世紀以來已經提出月角距的理論，但實際運用卻要等到 1731 年發明八分儀與 1759 年發明六分儀之後才開始，有了這些儀器才能測量月球與太陽或月球與星辰之間的角度。1765 年內維爾・馬斯基林（Nevil Maskelyne）被任命為皇家天文學家，他是提倡將月角距用於航海的中心人物。1766 年，他出版了第一版《航海曆》（Nautical Almanac），內容包括每三小時測定月球中心與太陽以及其他九個選定的星星的角距紀錄表。庫克帶著馬斯基林 1768 年與 1769 年的《航海曆》前往太平洋。

阿貝爾‧塔斯曼的日誌

這幅畫出自班克斯的阿貝爾‧塔斯曼日誌。日誌的原畫作可能出自伊薩克‧吉爾斯曼斯（Isaac Gilsemans）之手，他曾與塔斯曼一同出航。塔斯曼受荷蘭東印度公司的指派，前去尋找新的商機。他奉命在遇見新民族時，「不可顯露出渴求貴金屬的樣子，也不可讓對方察覺這些東西的價值。」這幅插圖顯示，塔斯曼的船停泊在今天南島西北岸的金灣（Golden Bay）。塔斯曼提到，與獨木舟上的原住民發生小規模衝突導致小艇上四名屬下死亡（見圖中的 C）。在這場衝突後，塔斯曼離開此地，並將這個海灣命名為殺人者灣（Moordenaars Bay），反映出他在此事件中的視角。我們不得而知，這場衝突是否造成任何毛利人傷亡。

塔斯曼並未登陸紐西蘭，但他繪製了北島西岸的海圖，隨後這幅海圖便出現在歐洲地圖上。塔斯曼起初把北島西岸稱為史泰登之地（Staten Land），這是以火地群島外的一座島嶼命名，據信這座島嶼是由雅各布‧勒梅爾命名，勒梅爾相信這座島嶼是南方大陸的一部分。塔斯曼選擇這個名字是因為他相信自己已經發現南方大陸的另一個部分，在當時的歐洲地圖上，南方大陸通常顯示成從南美洲南端延伸到太平洋另一邊的大陸。日後塔斯曼稱北島西岸為「紐西蘭」（Nieuw Zeeland 或 New Seeland），他是以家鄉荷蘭的西蘭（Zeeland）命名，而這個名稱也被歐洲地圖採用。

威廉. 蒙克豪斯的日誌

威廉‧蒙克豪斯是奮進號的船醫，他寫下在紐西
蘭的見聞，打算日後返鄉時出版。翻頁後的兩頁
據信是庫克文件的一部分，描述 1769 年 10 月 9
日在圖朗加努伊－歐－基瓦（貧乏灣）登陸的事。
蒙克豪斯的描述比庫克與班克斯詳細，寫作風格
則較為鬆散。它呈現了出第一次見面時瞬息萬變
的狀況，雙方都試圖了解自己所見的景象。蒙克
豪斯描述英國人看到對岸的人「跳起了戰舞，但
由於隔了一段距離，因此倒不覺得可怕」。在當
天寫下的日誌中，蒙克豪斯的日誌是歐洲人首次
對哈卡舞（Haka）的描述：「他們排成行列，每
個人往右與往左交互跳躍，跳躍時身體也做出搖
擺的動作，並準確地搭配戰歌的節奏；同時，他
們也將長矛高舉於頭上。」

蒙克豪斯在同一頁又說，圖帕伊亞「一對他們叫
喊，他們就聽懂了他的語言——接下來是一段漫
長的對話，內容似乎包括：他們詢問我們來自何
處，抱怨我們殺害他們一個族人，以及對我們的
善意深感懷疑。」一名無武裝的男子游泳渡河而
來，庫克也卸下武裝涉水與他見面。蒙克豪斯寫
道：「他們以鼻碰鼻的方式打招呼。」這是歐洲
人第一次使用毛利人傳統的方式——「洪基」
（hongi）——打招呼。之後，更多人游泳渡河而
來，很快地兩群人便混在一起。

蒙克豪斯在第二頁提到，原本充滿善意的會面為
何引發暴力。一開始，攜帶武器的原住民顯然讓
英國人十分緊張，儘管英國人自己也有武器。然
而，真正讓會面變調的是雙方交易時，英國人拿
出原住民感到陌生的物品。蒙克豪斯寫道：

> 開心興奮到了極點；他們為了收到的禮物而
> 狂喜，但他們的欲望並未滿足，反而看到什
> 麼就拿什麼——他們不斷地左右腳來回跳躍
> ……眼前的處境告訴我，面對這些耐人尋味
> 的動作，我必須有對應的姿態，不僅如此，
> 我還上了刺刀。我經常需要這個幫手。

根據蒙克豪斯的說法，衝突起因於有人戲弄天文
學家格林，而格林轉身就走，但對方卻拿走了他
的短劍。那人拿著短劍就要離去，「直到一枚子
彈擊中他為止」。一般相信，死者是隆格法卡塔
（Rongowhakaata）部族的酋長特‧拉考（TeRaakau）。
雖然蒙克豪斯沒有明說，但班克斯在日誌裡記
錄，就是蒙克豪斯開了致命的一槍。

9. upon the Shore; however, the boats were manned and armed and a party of
gentlemen embarked for the Shore — the pinnace went off the mouth of the
river in hopes of making a convenient landing within it, at which
time the Natives saluted her with a loud Shout — A little time was spent
in finding a place the least incommoded with surf — it was tho't proper
to have the river between us; and the moment the first party landed,
the natives now formed into a close body upon the bank of the river,
set up a war dance, by no means unpleasing to Spectators at a dist-
:ance — they seemed formed in ranks, each man jump'd with a swing-
:ing motion at the same instant of time to the right and left alternately
accomodating a war song in very just time to each motion; their lances
were at the same time elevated a considerable height above their heads —

As soon as our troops were all landed we marched towards the
river having our friend Tupia a native of one of the Islands we had
lately visited, with us, who no sooner called out to them than we found
they understood his language — a long conversation ensued, which seem'd
to consist on their part of enquerys from whence we came, of complainings that we
had killed one of their people, and of many expressions of doubt of our
friendship — their pronunciation was very guttural, however Tupia
understood them and made himself understood so well that he at length
prevailed on one of them to strip of his covering and swim across —
he landed upon a rock surrounded by the tide, and now invited us to
come to him — C. Cook finding him resolved to advance no farther, gave
his musket to an attendant, and went towards him, but tho' the man saw
C. Cook give away his weapon to put himself on a footing with him, he had
not courage enough to wait his arrival, retreating into the water, how-
:ever he at last ventured forward, they saluted by touching noses, and a
few trinkets put our friend into high spirits — at this time another was
observed to strip and enter the river but he very artfully concealed his
weapon under water — he joined his countryman and was presently set
a dancing striking his thighs, and shewing the baubles he had recev'd
to his friends on the other side. The ice was broke, and we had in a
moment six or eight more over with us all armed, except the first visiter,
with short lances — a kind of weapon we took for a paddle — and a short
hand weapon which was fastned by a string round the wrist, was about
18 inches long, had a rounded handle and thence formed into a flat elliptic
shape: this weapon, we afterwards learnt, was called patoo.

9. before this rinforcement of troops came over, and on suing the beads &c.
displayed by the two first comers we were treated with another war-
dance, so that we were now led to consider this ceremony as the effect ^equally^
of opposite passions. But our new visiters kept us now in sufficient
employment — Active and alert to the highest degree, overjoyed with the
presents they had recieved, but their desires by no means sated, they
were incessantly upon the catch at every thing they saw — every moment
jumping from one foot to the other, and their eyes and hands as quick
as those of the most accomplished pickpocket: I happened to be the most
forward of our company, and was engaged with three of these young
active heroes at one time: this new manoeuvre disconcerted me for a
moment, but my situation presently taught me to play the counterpart
in these curious gesticulations, added to which, having my bayonet
fixt, I was frequently obliged to call this to my aid — on bidding them
sit down, one or other would obey for a moment — to keep them in employ-
ment, I offered to barter for a paddle, which he was very ready to exchange
for my musket, and my refusal drew a reproach from him.
While I was thus engaged my friends behind me were not less busied;
but one of the natives having expressed a desire to have Mr — hanger,
to avoid being too much teased Mr — had turned about to retire, which
the man no sooner observed than he laid hold of the hanger and tore it
away, and contented with his prize, instantly retreated towards the river.
The sufferer snapt his musket then fired a pistol — a charge of small
-shot was thrown into his back but he continued to make his escape
till a musket ball dropt him — two others instantly flew to him, I pre-
-sented my bayonet thinking they meant to carry off the hanger, but
they soon convinced me that it was a great stone p̂âtt̂oo they only
wanted, which one of them tore from his wrist and retreated, while the
other endeavoured to keep me at bay — Matters were now in great con-
:fusion — the natives retiring across the river with the utmost precipi-
:tation, and some of our party unacquainted with the true state of things
begun to fire upon them by which two or three were wounded — but this
was put a stop to as soon as possible. The Natives now set up a
most lamentable noise and retired slowly along the beach.
The shot man had a human tooth hanging at one ear and a girdle of
matting about four inches broad was passed twice round his loins &
tied — He had a paddle in his hand which, tho' drawing his last breath,

西德尼・帕金森
「一名紐西蘭男子的肖像」，1769 年
大英圖書館，Add MS 23920, f.55

「一名紐西蘭男子的肖像」

奮進號離開圖朗加努伊－歐－基瓦（貧乏灣）後不久，便因無風而在岸外停航。有幾艘獨木舟接近奮進號，其中一艘還划到船旁。庫克寫道，「這艘獨木舟上的人曾聽聞先前上船的人所受到的款待，於是毫不猶豫地上船。」根據蒙克豪斯的說法，大約有二十人上船，而留在獨木舟上的人則「自由與我們貿易，以他們的衣服、武器與裝飾品跟我們交換大溪地的布」。

從一些日誌的敘述中，我們了解到，帕金森這幅畫中的主角曾在那天下午登上奮進號。帕金森寫道：

> 他們絕大多數人都在頭頂綁了一個髮髻……
> 他們的臉上刺了青，有的刺滿整張臉，有的
> 只刺半張臉，刺青的花樣很古怪，有些是細

緻的螺旋狀，就像把螺旋石雕上的渦狀紋飾刺在皮膚上一樣，風格與眾不同。

這名男子戴著黑－提基（hei-tiki）項鍊、一副長耳飾，並披著一襲亞麻斗篷。

雖然刺青在太平洋島嶼相當普遍，但毛利人發展出可以深切皮膚的技術，因而得以形成溝漕般的疤痕與螺旋狀的圖案。塔・摩可（t ā moko，傳統毛利刺青）使用的顏料通常以木炭混和油與植物汁液製成。刺青用的烏希（uhi，鑿子）傳統上是以海鳥的骨頭製成。以外表像梳子的器具將顏料刺進皮膚裡。塔・摩可需要高超的技術，因此托渾加・塔・摩可（tohungat ā moko，刺青專家）相當受人尊敬。

紐西蘭作戰獨木舟挑釁奮進號

帕金森在造訪紐西蘭期間畫了一系列獨木舟的作品，這是其中一幅。這些大型獨木舟名為瓦卡‧陶阿（waka taua），英國人稱為作戰獨木舟。這種船的長度可達約一百英尺（30公尺），搭載人數可多達百人。船首與船尾雕刻得十分美麗。勇士們搭乘這些獨木舟作戰，這些獨木舟也被視為神聖之物。作戰獨木舟與瓦可‧特特（waka tētē，捕魚獨木舟）不同，後者只有簡單的雕飾，主要功能是裝載貨物與人員在河流與岸邊航行。

奮進號在東岸逗留數週，每隔一段時間就會有獨木舟上前挑釁。10月13日，四艘獨木舟接近奮進號，上面「載滿了人，而且緊跟於船後，持續威脅了一段時間」。庫克知道，奮進號在近岸水域需要小艇在前測試水深並指引船隻前進，於是決定以威嚇的方式逼退這些獨木舟。他先下令以火槍對著原住民頭頂上方射擊，如果未達到預期效果，他便下令朝獨木舟兩旁射擊。「遇到這種狀況，他們往往對著我們揮舞長矛與木槳，但最後總是知難而退。」

在沿著北島海岸往北航行的途中，這種狀況屢見不鮮，獨木舟接近奮進號進行挑釁，有時則留在船旁進行貿易。圖帕伊亞擔任中間人，與接近奮進號的原住民討論，有時還會爭吵。班克斯記錄

了11月18日的一起事件：

> 我認為圖帕伊亞猜測他們即將攻擊我們，於是他立刻前往船尾，與他們費盡唇舌地爭辯，告訴他們若挑釁我們，我們會怎麼做，以及我們可以如何輕易地在瞬間消滅他們。他們還是一貫地回答，「上岸的話，就把你們殺光。」圖帕伊亞說，但只要我們在海上，就不關你們的事，海洋是你們的，也是我們的。

西德尼・帕金森
「紐西蘭作戰獨木舟挑釁奮進號」，1769 年
大英圖書館，Add MS 23920, f.50

圖帕伊亞，「班克斯與毛利人」

抵達紐西蘭的最初幾週，圖帕伊亞成為毛利人與英國人的中間人，而且角色十分吃重。蒙克豪斯寫道，在圖朗加努伊－歐－基瓦締和期間，「到處都可聽見有人呼喚圖帕伊亞的名字」。這是圖帕伊亞唯一知名的一幅紐西蘭畫作，可能是在造訪托拉加灣期間或之後完成的，日誌提到他們曾在這裡進行龍蝦貿易。11月1日，奮進號停泊在岸外，班克斯寫道：「日出後，我們看到45艘獨木舟從海岸各處駛來；其中七艘很快就跟上我們，在與圖帕伊亞對話後，他們開始將他們擁有的大量貽貝與龍蝦賣給我們。」

一般相信，這就是班克斯寫給道森·特納的信裡提到的那幅畫作：「他畫我手裡拿著一根釘子，交給賣我龍蝦的印第安人，但我另一隻手緊緊抓著龍蝦不放，而且釘子也緊緊握著，直到我購買的東西真正到手為止。」（畫中交換的物品不是釘子，或許是一塊布。）交換時，雙方看起來都小心翼翼。班克斯牢牢抓著布，毛利人也用繩子繫著龍蝦，可能是怕有人搶走。這幅畫捕捉了個別交易時戲劇性的一刻，顯示當時並不存在彼此認可的交易規則。

在托拉加灣，班克斯提到圖帕伊亞與一名祭司的對話：「他們在宗教觀念上似乎有很多共通點，唯有圖帕伊亞的學識遠比其他人淵博，因此他說的話也深受重視。」圖帕伊亞對於毛利人祖地哈瓦基（Hawaiki）的認識，使他的造訪成為獨特事件。口述歷史記錄著，圖帕伊亞在停留期間向當地民眾傳道，包括在暴雨時使用鄰近的洞穴（現在稱為「圖帕伊亞洞穴」）。1773年，當庫克的一艘船造訪托拉加灣時，當地民眾聽到圖帕伊亞的死訊時咸感哀悼，他們唱著，「遠行者，逝者，唉！圖帕伊亞。」

圖帕伊亞
〔班克斯與毛利人〕，1769 年
大英圖書館，Add MS 15508, f.12

「托拉加灣穿孔石一景」

在托拉加灣的第一天早晨，班克斯與索蘭德上岸並收集「許多新植物」。班克斯也提到，他們在散步時看見「不尋常的自然奇景」，後來帕金森將這些景色全畫了下來：

突然間，我們看到岩壁上出現一道極其宏偉的拱門或洞穴，從中可直通大海，從這個孔洞望出去，可以看到另一邊的海灣與山嶺，也讓我們有機會想像在洞穴的另一邊，也許會有一艘船或巨大壯觀的事物。這是我這輩子看過最雄偉驚奇的景象，充分顯示自然之美遠非藝術所能企及。

這段話反映了當時英國流行對自然的熱情。1765年，作家托比亞斯・斯摩萊特（Tobias Smollett）寫道：「在一座優美寬廣的花園或公園中，英國人期望看到樹林與林間空地，最好一切出於不經意的安排，顯示出自然與驚奇之美……英國人尋求……藤架、石窟、隱僻小屋、廟宇與別墅。」

這次造訪使班克斯一行人首次有機會了解毛利社會。班克斯一反在馬德拉的態度，對托拉加灣當地的農耕方法深感興趣；在北島東岸，農耕技術有高度的發展。他提到種植園的狀況：「園裡種植了番薯、椰子樹與小黃瓜之類的作物……番薯種在一小塊休耕地上，有些成排種植，有些則點狀種植，但大體上都極有秩序地排列成直線，椰子樹在平地上，但還未冒出地面，小黃瓜則像英國一樣種在淺坑或碟子裡。」庫克與班克斯也在這裡種植蔬菜種子，想把歐洲作物移植到紐西蘭。

造訪者描述建築物與獨木舟上的精美雕刻，包括曲線與渦狀圖案，現在這些圖案已成為毛利藝術的代表。班克斯寫道：「對於毛利人的雕刻之美，我很樂意多加描述，但發現自己的能力不足以擔負這項任務。」造訪者也收集了工藝品。班克斯記錄索蘭德買了「一個男孩的陀螺，這只陀螺的外形就像英國男孩玩的陀螺，而且打陀螺的手勢也相同」。

前頁
西德尼・帕金森
「紐西蘭的穿孔石」〔托拉加灣〕，1769 年
大英圖書館，Add MS 23920, f40b

特．霍瑞塔的敘述

特・霍瑞塔（Te Horeta），又稱特・塔尼法
（Te Taniwha），他是那提・法瑙恩加（Ngā ti
Whanaunga）的領袖。那提・法瑙恩加屬於豪拉基
灣（Hauraki Gulf）與科羅曼德爾半島（Coromandel
Peninsula）的瑪魯圖阿胡（Marutū ahu）部族聯盟的
一部分。1852 年，英國官員與毛利領袖協商科
羅曼德爾半島的金礦開採權時，特・霍瑞塔曾向
英國官員提到奮進號造訪水星灣的事。庫克造訪
時，他還是個孩子，當庫克的故事形諸文字時，
他已垂垂老矣。這則故事日後收錄於十九世紀晚
期約翰・懷特（John White）出版的多冊作品《毛
利古代史》（Ancient History of the Maori）：

> 船隻下錨，小艇上岸。我們的長老看著他們
> 上岸的方式，發現他們的槳手背對著船頭，
> 長老們於是說道，「是了，這就是了：這些
> 人是妖精；他們的眼睛長在後腦勺；他們以
> 背對的方式朝岸上前進。」我們（孩子與婦
> 女）看著這些妖精上岸，但我們躲進樹林裡，
> 只留下勇士們面對他們；這些妖精逗留了一
> 段時間，未對我們的勇士做出邪惡之事，於
> 是，我們一個個走出樹林並看著他們，用手
> 撫摸他們的衣服……

> 船隻停泊一段時間後，一些我們的勇士上
> 船，並在那裡看到許多東西。勇士上岸後，
> 告訴我們他們看到些什麼。這讓我們產生了
> 興趣，也想看看妖精的家。我與其他人一同
> 前往：但當時我還小，所以我們幾個孩子跟
> 著勇士們一同前往。我的一些玩伴感到害
> 怕，因而留在岸上。我們到了船上後，受到

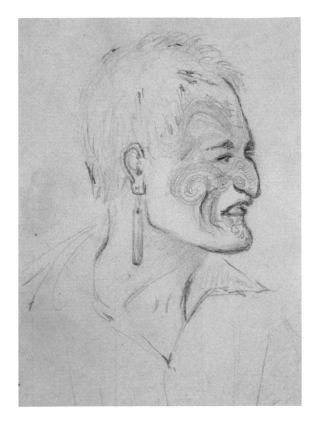

查爾斯・希菲（Charles Heaphy）
《特・霍瑞塔・塔尼法》（Te Horeta Taniwha），
約 1850 年
亞歷山大・特恩布爾圖書館（Alexander Turnbull Library），
威靈頓（Wellington），紐西蘭

妖精的歡迎，我們的勇士以我們的語言回應
他們。我們坐在甲板上，妖精看著我們，並
用手撫摸我們小孩子的頭髮。

我與另外兩名同伴不敢在船上任意走動，害
怕會被妖精迷惑；我們在妖精的家裡靜靜坐
著，觀看著每一件東西。妖精頭目原本離開
他在船上的位子，此時他再次來到甲板上，
走到我與兩個同伴面前，用手拍拍我們的頭；
他的手伸向我的同時，也對我們說話，並拿
著一根釘子朝我們伸過來。我的同伴感到害
怕，他們靜靜坐著；但我笑了，於是他把釘
子給我。我把釘子拿在手中，說著：「卡帕
伊」（Ka pai，很好），於是他也重複我說的話，
接著又用手拍拍我們的頭，然後離去。

西德尼・帕金森
「一名紐西蘭男子的肖像」〔歐特古古〕，1769 年
大英圖書館，Add MS 23920, f.54a

「歐特古古」的肖像

帕金森的這幅畫是第一次航行中最著名且最引人注目的一幅畫作。帕金森在日誌裡提到這個人是歐特古古（Otegoowgoow），他是島嶼灣酋長之子，他的大腿在 1769 年 11 月 29 日的衝突中遭到槍傷。班克斯未提到他的名字，但卻提到類似的事件，他說有一名長老帶著一名大腿受了槍傷的男子上船。有人說這個名字是錯的，可能是把特・庫庫（TeKuukuu）這個名字聽成了歐特古古。

這幅肖像顯示，他的頭髮插著一把大梳子，耳朵戴著綠石耳飾，脖子上掛著雷・普塔（rei puta）頸飾，雷・普塔接近尖端的位置畫有一雙眼睛。班克斯在日誌裡提到雷・普塔時這麼說：「斜切的鯨魚牙齒，看起來像舌頭，上面畫了一雙眼睛；他們將這件東西掛在脖子上，價值似乎遠超過其他物品。」臉部刺青（或塔可）的風格很不尋常。除了螺旋紋路，臉上還仔細刺了一連串垂直線條。

詹姆斯・庫克
〔紐西蘭海圖〕，1770 年
大英圖書館，Add MS 7085, f.17

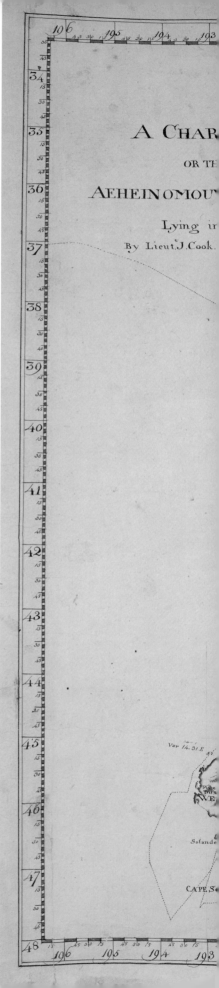

庫克的紐西蘭海圖

這是庫克完成的紐西蘭海圖，顯示出奮進號繞行
北島與南島的航線。與海圖其他地方的名稱相
比，北島東岸的名稱數量反映了奮進號在北島
東岸逗留的時間與登陸次數。庫克使用荷蘭名稱
（New Zeland）做為地圖的標題，而且試圖把兩
座島上的毛利地名記錄下來。他為南島取名為
Tovypoenammu，與 Te Wai Pounamu 很接近，意思是
「綠石之水」；並將北島取名為 Aeheinomouwe，則
與毛利名稱 TeIka a Maui（毛伊的魚）看不出明顯關
係，可能他是想以音譯的方式拼寫。

這張海圖有兩個明顯錯誤，是因為奮進號經過時能
見度不佳造成的。首先，南島東岸的班克斯島（Banks
Island）其實是個半島。其次，位於南島南端的南
角（Cape South）在海圖上畫成半島，但其實是島嶼
的一部分，這座島嶼現在稱為斯圖爾特島（Stewart
Island）。

VZELAND
DS OF
OVYPOENAMMU
TH SEA.
f the ENDEAVOUR BARK 1770

Three Kings
Cape Maria Van Diemen
CAPE NORTH
Sandy Bay
Var 11. 25 E
Mount Cam
Knuckle Pt
Doubtless Bay
Cavall Isles
Point Pococke
Cape Brett
Bay of Islands
Poor Knights
Bream Head
Bream Bay
Hen Chickens
Ft Rodney
False Bay
Mercury Isles
Mercury Point
Mercury Bay Var 11. 9 E
Court of Aldermen
The Mayor
White Isle
BAY OF PLENTY
Flat Island
Cape Runaway
Woody Head
Low Land B
Town
EAST COAST
Albetroß Point
Mount Edgcumbe
Tegardoo
Totnga
Openings Isle
Poverty Bay
Young Nicks Head
Gable-end Foreland
Sugar loaf Isles
Sugar loaf Point
Mount Egmont
Cape Egmont
AEHEINOMOUWE
HAWKES BAY
Table Cape Var 14. 36 E
Isle of Portland
C. Kidnappers
COOKS
Black Head
Cape Farewell
C. Stephens
C. Turnagain
Rocks Bay
Blind Bay
Admiralty Bay
Queen Charlotte Sound
Cloudy Bay
Cape Campbell
C. PALLISSER
Cape Foul-wind
Snowy Mountains
STRAIGHTS
Var 15. 4 E
Lookers on
Gores Bay
Banks's Island
Var 14. 39 E
TOVYPOENAMMU
Open Bay
C. Saunders
Botaken Bay
Var 15. 30 E
E. Bay
Bench Island 13. 10 E
Var 16. 36 E
r 16. 29 E
Var 16. 34 E

澳大利亞
AUSTRALIA

奮進號航海日誌 1770 年 4 月的條目記錄奮進號抵達舡魚灣（Stingray Harbour），庫克日後將其改名為植物灣。之後庫克在自己的日誌裡做了更詳細的敘述。大英圖書館，Add MS 27885, f.21

導言

一則關於庫克流傳最久的神話是他「發現了澳大利亞」。事實上，庫克不是最早抵達此地的人，也不是第一個歐洲人，甚至不是第一個英國人。一般相信，最早抵達澳大利亞的人來自東南亞，時間大約是 60,000 年前。在新南威爾斯州（New South Wales）蒙哥湖（Lake Mungo）發現的成年男性遺骨據信可以追溯到 42,000 年前。在北領地（Northern Territory）納瓦拉·加邦曼（Nawarla Gabarnmang）發現的木炭岩畫經碳 14 測定，大約有 28,000 年的歷史。對於十八世紀澳洲人口的估計說法不一，但最近的研究認為大約有 75 萬人。一般認為當時這裡大約有數百個部族與氏族，使用的語言有 250 多種。

目前已知最早造訪澳洲的歐洲船是朵伊夫肯號（Duyfken），船長是威廉·揚松（Willem Janszoon），他奉荷蘭東印度公司的指示前往探索新幾內亞（New Guinea）海岸，並於 1606 年抵達澳洲北端。往後一個世紀，荷蘭人探索與測繪此地的北岸、西岸與南岸地區，並將此地命名為「新荷蘭」。第一艘造訪澳洲的英國船是小天鵝號（Cygnet），於 1688 年抵達西北岸。參與航行的威廉·丹皮爾於 1697 年出版《新環繞世界航行》（A New Voyage Round the World），這是第一本詳細描述澳洲的英文書。1699 年他返國，並於 1703 年出版《新荷蘭航行記》（A Voyage to New Holland），書中不乏描繪澳洲植物、鳥類與魚類的插圖。

1770 年 3 月 31 日，庫克召集軍官商討是否要從紐西蘭返國。他在日誌裡寫道：

> 經由合恩角返國是我最希望的路線，因為我們可以藉此證明南方大陸是否存在……但從各方面來看，船隻的狀況都不足以承擔這項任務。基於同樣的理由，直接航向好望角的想法也遭到擱置，因為幾乎無法期待這條航線會有任何發現。因此我們決定經由東印度群島返國，航線如下：離開紐西蘭海岸後，一路西行直達新荷蘭東岸，然後沿著東岸一路北上……直到抵達新荷蘭的最北端。

1770 年 4 月 19 日，奮進號抵達澳洲東岸南端附近。第二天，班克斯寫道：「早上，眼前的陸地山坡平緩，土地看起來非常肥沃，每座山都長滿了濃密的森林；正午，陸地深處升起一縷輕煙，傍晚時，好幾處都冒出了煙霧。」庫克往北航行尋找港灣，以進行補給。4 月 28 日，庫克寫道，船隻抵達一處海灣，「看起來可以避風，於是我決定進入這個海灣。」

Ap.r 1770

gentle breeze and settled weather. at 3 pm
anchor'd in 7 fathom water in a place which I called
Sting-Ray Harbour the south point bore SE
and the north point East distant from the south shore
1 mile we saw several of the natives on both
sides of the Harbour as we came in and a few hutts women
and children on the north shore opposite to the place
where we anchor'd and where I soon after landed with
a party of men accompaned by M.r Banks D.r Solender
and Tupia. as we approach'd the shore the natives
all made off except two men who at first seem'd
resolved to oppose our landing. we endeavour'd to
gain their consent to land by throwing them some
nails beeds &c.a a shore but this had not the disired
effect for as we put in to the shore one of them threw
a large stone at us. and as soon as we landed they
threw 2 darts at us but the foreing of two or three
musquets load with small shott they took to the
woods and we saw them no more. we found here a few
poor hutts made of the bark of trees in one of which
were hid 4 or 5 children with whom we left some
strings of Beeds &c.a after searching for fresh
water without success except a little in a small
hole dug in the sand. we embarqued and went
over to the north point of the Bay where in
coming in we saw several of the natives. but
when we now landed we saw no body but we here
found some fresh water which came trinkling
down and stood in Pools among the rocks. but
as this was troblesome to get at I sent a party of
men ashore in the morning abreast of the ship
to dig holes in the sand by which means we
found fresh water sufficient to water the ship
after breakfast I sent some empty cask ashore to
fill and a party of men to cut wood and went
my self in the Pinnace to sound and explore the
Bay in the doing of which I saw several of the
natives who all fled at my approach. ——

Sunday 29

第一次航行：1768-1771

這幅版畫發表於航行的官方文件中,畫中顯示奮進號因為撞上大堡礁(Great Barrier Reef)而拖到奮進河(Endeavour River)的岸上。
威廉·伯恩(William Byrne)根據西德尼·帕金森的畫而完成這幅版畫。
大英圖書館,Add MS 23920, f.36

奮進號在海灣停泊,一群人搭乘小艇朝岸上人群與小屋駛去。登陸地點的周圍是格威蓋爾人(Gweagal people)的土地。兩名格威蓋爾人拿著長矛與石頭阻止他們登陸,根據英國人的說法,雙方僵持了 15 分鐘,最後英國人開槍朝格威蓋爾人的腿部射擊,其中一人受傷。格威蓋爾人朝英國人投擲長矛後隨即撤退。登陸的人發現格威蓋爾人已拋棄營地,但有一群孩子躲在其中一個小屋裡。他們留下幾串珠子項鍊給屋裡的小孩,然後將營地裡的長矛全部拿走,藉此解除居民的武裝。奮進號在海灣停留了一星期,這段時間幾乎未與當地人直接接觸,當地人只是遠遠地觀察英國人。庫克每天在岸上展示英國國旗,並將這座海灣命名為植物灣,因為班克斯與索蘭德在這裡採集到大量植物。

1770 年 5 月 6 日,奮進號出發了。沿海岸往北航行數英里,庫克提到另一處海灣,「看起來似乎是個可以安全下錨的地方,我命名為傑克森港(Port Jackson)。」奮進號繼續行駛,並未停下來調查這處海灣,1788 年,這個海灣將成為英國的流放地,之後發展成現代城市雪梨。

繼續往北,水域逐漸變得不利於航行。起初是因為離岸島嶼與水淺造成,這表示必須派出小艇在前方領頭測量水深。然而,奮進號卻逐漸駛入西邊的澳洲海岸與東邊的大堡礁(Great Barrier Reef)包夾的自然狹窄通道中。等到他們察覺到危險時,奮進號已經往北行駛了好幾英里,很難駛向開闊的海域。

6 月 11 日,奮進號撞上礁石。庫克說,「船觸礁了,而且牢牢卡死。」經過幾個鐘頭,船看起來似乎要沉了。然而,在投棄壓艙物與設備,包括幾門大砲之後,船再度浮了上來。他們把船帆垂降到船身外側,這種做法稱為堵漏(fothering),藉由外側水壓將帆布堵在船身的破洞處。奮進號緩緩駛向岸邊,小艇在前方尋找港灣。在往北的

河口處，奮進號被拖上岸以檢查船身的破洞。班克斯寫道：「在這裡明顯可見神明保佑著我們，因為一顆拳頭大的石頭剛好堵住了大半的孔洞。」

在奮進河（Endeavour River）停留的最初幾個星期，與原住民並無接觸，雖然遠遠可以看到有人生火。可能生活在當地的古古·伊米提爾人（Guugu Yimithirr people）也在遠處觀察他們。七月初，一群古古·伊米提爾年輕人造訪營地，往後幾天，雙方建立了友好關係。帕金森形容這群人「非常熱絡而風趣」，班克斯則寫道，他們「似乎完全不怕我們，而且跟我們變得十分熟稔」。良好的關係突然因為海龜引發的糾紛而終止，英國殺了一些海龜後堆置於奮進號甲板上，英國人的營地因此遭人放火，導致英國人開槍射擊。不久，在一名長老居中協調下雙方和解，但這是雙方最後一次見面。

1770 年 8 月 11 日，奮進號出航。第二天，庫克一行人登上一座小島，庫克還爬上了某座山的山頂。他寫道，「令我擔憂的是，我發現有道岩礁位於二到三里格外，中間並無島嶼，從西北方往東南方延伸，一直延伸到我看不見的地方。」他也看到這道岩礁中有幾處缺口，奮進號或許可從這些缺口開往開闊的洋面。繼續沿著海岸航行，意謂著將持續冒著擱淺的危險，而且岩礁可能在更北的地方與陸地相接，屆時船就無法開出去了。庫克在與軍官們商議後，便決定嘗試穿過岩礁的缺口進入開闊水域。

小艇在前方測試水深，8 月 14 日，奮進號穿過岩礁進入開闊洋面。然而庫克希望能維持看見海岸的距離，他希望證明澳洲東岸與新幾內亞之間有

水道。這使得庫克在 8 月 16 日航行時過於靠近岩礁，在強勁東風吹襲下，船逐漸朝岩礁靠近。班克斯形容這些礁石道：

這是歐洲罕見的東西。事實上，大概只有在這片海域才有⋯⋯這是一道珊瑚岩壁，幾乎從深不可測的海底垂直而起，漲潮時海水上升七到八英尺，這些礁石沉入海面，退潮時就裸露於海面上；當大海的巨浪突然拍擊這道岩壁時，便在此處產生如山一般高聳的恐怖浪濤。

往後 24 小時，船員們拼命對抗潮水。班克斯寫道：「所有人都希望一死了之。」當船離岩礁越來越近時，庫克決定冒險穿過岩礁缺口。8 月 17 日，奮進號通過岩礁，這使得庫克沉思探險家名聲的浮沉：

世人不會接受一個人發現了海岸卻又不進行探索，即使危險是這個人提出的理由，世人也會指責他膽小怯懦，缺乏堅忍不拔的精神，同時也顯示這個人極不適合受僱為探索者；另一方面，如果這個人大膽面對所有的危險與阻礙，卻不幸未能成功克服，那麼他將被指責為魯莽冒進與行為失當。

八月下旬，奮進號抵達澳洲北端。庫克登陸一座小島，當地人稱為貝達努格（Bedanug），庫克則命名為波塞申島（Possession Island）。在這裡，庫克以英王喬治三世之名「占領從上述緯度到此地的整個東岸地區，並將此地命名為新南威爾斯」。他寫道，「我很滿意」自己能夠「證明新荷蘭與新幾內亞是兩個分開的陸地或島嶼」。

湯瑪斯・錢伯斯（Thomas Chambers）根據西德尼・帕金森的「兩名新荷蘭原住民上前戰鬥」製作的版畫。這幅版畫發表於帕金森的《南海航行日誌》（*A Journal of a Voyage to the South Seas*），1773 年，圖 27，頁 134 對頁。
大英圖書館，L.R.294.c.7

「兩名新荷蘭原住民上前戰鬥」

這是帕金森日誌出版時裡頭所附的版畫，他的日誌在他死後出版。這是庫克登陸植物灣最著名的圖像，一般相信這是根據帕金森已遺失的原始畫作製作而成，不過版畫師在製作時很可能添加了自己的詮釋。班克斯描述，當奮進號的小艇接近岸邊時，兩名男子從岩石跳了下來，他們「揮舞手中的長矛展開威脅，一副決心阻止我們上岸的模樣，儘管他們只有兩人，但我們至少有三、四十人」。這幅畫經常用來表示，這兩人與庫克一行人登陸時著名的僵持場面。

在此之前，當奮進號進入海灣時，班克斯看到一群男子站在入口的岩石上，「以長矛和刀劍做出威脅的姿態，特別是其中兩人被塗成白色，他們的臉撲滿白粉，胸部與背部畫上粗線條，就像士兵身上的交叉皮帶一樣，他們的小腿與大腿也同樣環繞著畫上的粗線條。」若帕金森的原作真的存在，那麼他描繪的比較可能是這段插曲，而非較為著名的那場沙灘對峙。但也有可能是兩者的綜合。

Plate XXVII

Two of the Natives of New Holland, Advancing to Combat.

獨木舟上捕魚

圖帕伊亞這幅畫顯示兩艘獨木舟，其中一艘的男子使用三叉魚叉捕魚。班克斯描述奮進號進入海灣時，自己觀察到「四艘小獨木舟」在南方海岬下方捕魚：

> 每艘獨木舟上都坐著一個人，他們駕著小船在波浪中載浮載沉，同時手裡拿著長棍打魚。這些人似乎完全專注於他們正在做的事情上：奮進號從距離他們不到四分之一英里的地方通過，而他們頭也不抬，眼睛一直盯著水裡；我們想他們對捕魚的專注加上浪濤嘈雜的聲音，使他們既沒看到也沒聽到奮進號經過。

之後在停泊期間，他們又繼續觀察這些捕魚的獨木舟。班克斯在日誌裡提到：

> 在一片樹皮的兩端打摺並予以捆緊，中間部分則以幾根弓狀的小木棍延伸撐開，這就是整艘樹皮獨木舟的外觀。這種獨木舟可搭載一到二人，不過我們也曾看過三人。搭船的人可以長棍推動獨木舟在淺水中前進；在水較深的地方則以雙手各持一根長約 18 英寸的槳划動。獨木舟的中央通常會以海草升起小火，用途為何，我們就不得而知了，或許是讓漁民一捕到魚就能趁著新鮮烤來吃吧。

圖帕伊亞
〔樹皮獨木舟上的澳洲原住民〕，1770 年
大英圖書館，Add MS 15508, f.10

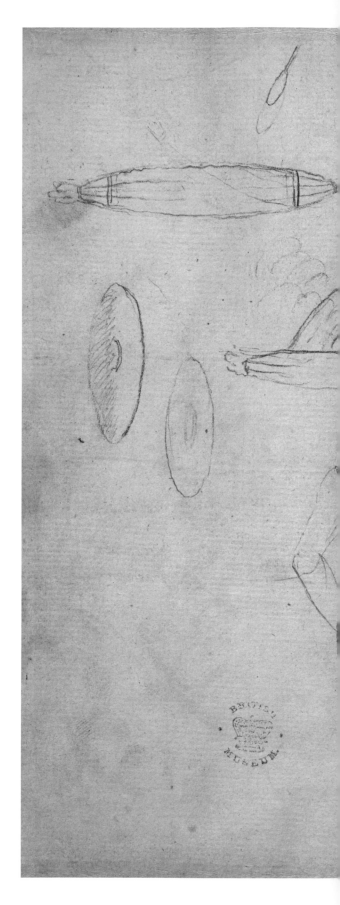

西德尼. 帕金森的素描簿

這些鉛筆畫出自西德尼・帕金森的素描簿，一般相信這些畫是在奮進號停泊植物灣的七天期間繪製的。這一頁共有十個素描，包括人物、獨木舟、盾牌與小屋。這些素描可能是帕金森打算日後完成作品時協助回憶之用。其中一個素描呈現一個人拿著長矛與長矛投擲器；長矛投擲器在東岸相當普遍，投擲時可以產生比徒手更強的力道。

帕金森的素描捕捉了英國人與植物灣原住民在一開始的對峙之後短暫接觸的情景。第二天傍晚，15名原住民接近我們的取水小隊。根據班克斯的說法，「他們派了兩個人走出隊伍，我們也派兩個人出去；然而，他們未等到真正面對面就慢慢退後離去。」往後幾天，類似的狀況發生了好幾次。5月1日，十名手持長矛與刀劍的男子來到取水地。庫克寫道：「我獨自跟著他們，身上毫無武裝，我沿著岸邊走了一段路，而他們並未停下腳步，直到他們越走越遠、我追不上他們為止。」

詹姆斯・庫克
「新南威爾斯植物灣」，約 1770 年
大英圖書館，Add MS 31360, f.32

庫克的植物灣海圖

這張海圖據信是庫克利用之前的素描繪製的，之前的素描也收藏在大英圖書館。海圖完成的確切時間已不清楚，不過從新南威爾斯這個名稱來看，應該是在奮進號離開澳洲後完成的。這張海圖標示出幾處可以取得淡水的位置，包括主要水道的深度，並且為這些位置取了英文名稱。

班克斯只要一上岸就會採集樣本，他在 5 月 3 日寫道：「我們的植物收藏數量已非常多，現在必須妥善維護這些收藏。」他把船帆鋪在岸上，花一天的時間讓太陽曬乾這些植物樣本。帕金森記錄時寫道，「根據我們在岸上看到的珍奇植物數量，我們稱這個海灣為植物灣。」

海圖上的名稱顯示短暫造訪帶來的變化。兩個海岬依然稱為班克斯角與索蘭德角。今日登陸地點已成為卡梅植物灣國家公園（Kamay Botany Bay National Park）的一部分，這個雙重名稱承認人類移居此地的歷史可以追溯到奮進號抵達的數千年前。

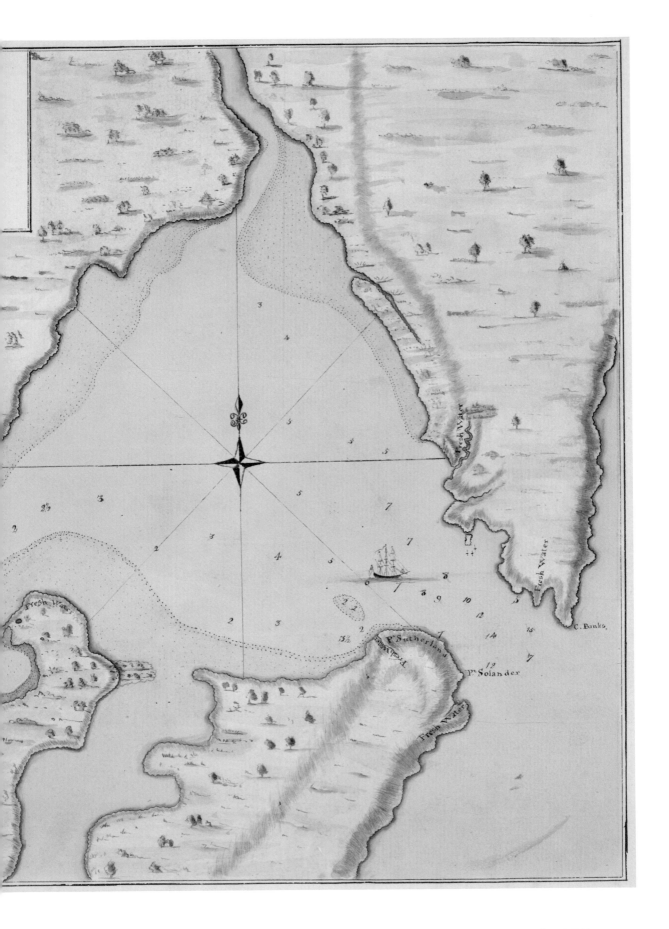

奮進河

庫克稱為奮進河的地方是古古·伊米提爾人的土地。英國人與古古·伊米提爾人首次接觸是在 1770 年 7 月 10 日，當時有兩名古古·伊米提爾人划獨木舟靠近奮進號。班克斯寫道，在鼓勵他們之後，「他們逐漸靠近，直到來到我們的船側，他們仍手持長矛，彷彿告訴我們，如果我們敢輕舉妄動，他們擁有武器，會對我們還以顏色。」如同在社會群島與紐西蘭一樣，圖帕伊亞在這裡也擔任起中間人，不過他在這裡也和歐洲人一樣，不懂當地人的語言。

> 圖帕伊亞走向他們；他們站成行列，隨時準備好擲出長矛；圖帕伊亞做出手勢，示意他們應放下武器走向前來；他們立刻這麼做，並且與圖帕伊亞一起坐在地上。於是，我們也朝他們走去，並贈送他們串珠、布料等物品，他們收下禮物後很快就變得比較隨和，唯有在有人試圖從他們與武器之間穿過時，他們才會顯露出防衛的態度。晚餐時，我們示意一起用餐，但他們拒絕了；我們留下他們，他們於是搭乘獨木舟回到他們原來的地方。

往後幾天，雙方逐漸熟識。7 月 11 日，班克斯寫道，有人介紹認識一些新面孔，其中一位名叫亞帕里科（Yaparico），他提到，「昨天我們沒注意到，原來他們每個人的鼻中隔或內部都穿了一個大洞，洞裡塞了像人的指頭一樣粗，長度約五到六英寸的鳥骨頭。」隔天來了更多人：「他們介紹新來的人的名字（他們非常重視這件事）。」查爾斯·普拉瓦爾在同年稍晚才從巴達維亞加入奮進號，據信他這幅畫是根據帕金森遺失的畫作繪製而成，畫中人物可能是 1770 年 7 月造訪英國人營地的古古·伊米提爾人。

七月中發生爭執之後，當地人不再造訪營地。然而，在即將啟程離去前，班克斯寫道，一名脫隊的船員在樹林裡遇見兩名男子與一名男孩：

> 起初他很害怕，於是把他的刀子交給他們，這是他僅有的東西，他覺得對方應該會接受；他們拿了刀子，彼此傳閱後又還給他。他們將他留下來半小時，對他非常客氣，他們只是想滿足好奇心，仔細檢視他的身體。他們看夠之後便示意讓他離去，船員則很開心地離開。

袋鼠

這是帕金森兩幅素描的其中一幅，是歐洲人最早的袋鼠畫。在奮進河登陸後不久，探索內陸的人看到一種動物，「像灰狗一樣大，鼠灰色，行動非常快速。」第二天，班克斯看到相同的動物，他寫道：「我說不出來牠像什麼，我看過的動物中沒有任何一種像牠……牠不像其他動物以四隻腳行走，牠只用兩條腿，跳躍的距離很遠。」幾天後，班克斯寫下「今天我們的少尉運氣很好，射殺了這種一直令我們感到頗好奇的動物」：

> 拿牠比擬歐洲的動物是不可能的，牠跟我看過的任何動物都沒有類似之處。牠的前腿極短，無法用來行走，後腿卻長得不成比例；藉由兩條後腿，袋鼠一躍可以達七或八英尺，牠跳躍的方式和跳鼠一樣，除了身體大小外，袋鼠最類似的動物恐怕就是跳鼠了。一隻袋鼠重達 38 英磅，但跳鼠不過是普通老鼠的身形。

第二天，我們把袋鼠煮來吃。庫克説，他「認為袋鼠是絕佳的食物」，帕金森則覺得袋鼠嘗起來像兔肉，「但風味更好」。

一個普遍流行的迷思是袋鼠（kangaroo）這個詞來自澳洲原住民，意思是「我不知道」。事實上，這個字據信來自古古・伊米提爾語 gangurru，意思是袋鼠一類的動物。

變色牽牛花

帕金森的這幅畫描繪的是變色牽牛花，這是在奮進河流域採集到的樣本。為了工作迅速與節省顏料，帕金森經常在他的植物畫中塗上顏色樣本。日後他返回英國要完成作品時，就能複製原畫上的顏色。

第一次航行：1768-1771

詹姆斯‧庫克
「新南威爾斯部分海岸海圖」，1770 年
大英圖書館，Add MS 7085, f.39

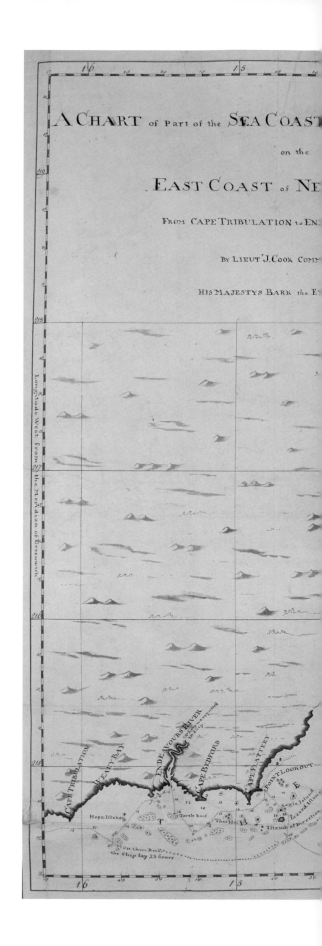

奮進號航線海圖

這張海圖呈現澳洲東岸的北部地區。它說明了奮
進號在沿東岸北上的最後一個階段持續繞行，有
時還遇到困難，奮進號先是往外穿過，然後又往
內穿過大堡礁。海圖標記了差點毀了航行的碰撞
地點，以及在奮進河登陸的地方。奮進河北方的
海岸則以虛線表示，呈現船在往外穿過大堡礁之
後，因距離海岸太遠而無法進行測繪。「天佑海
峽」（Providential Channel）則是奮進號差點第二次
碰撞礁石之處，但最後終能穿過大堡礁缺口。庫
克在「波塞申島」（Possession Isles）宣布占領澳洲
東岸。

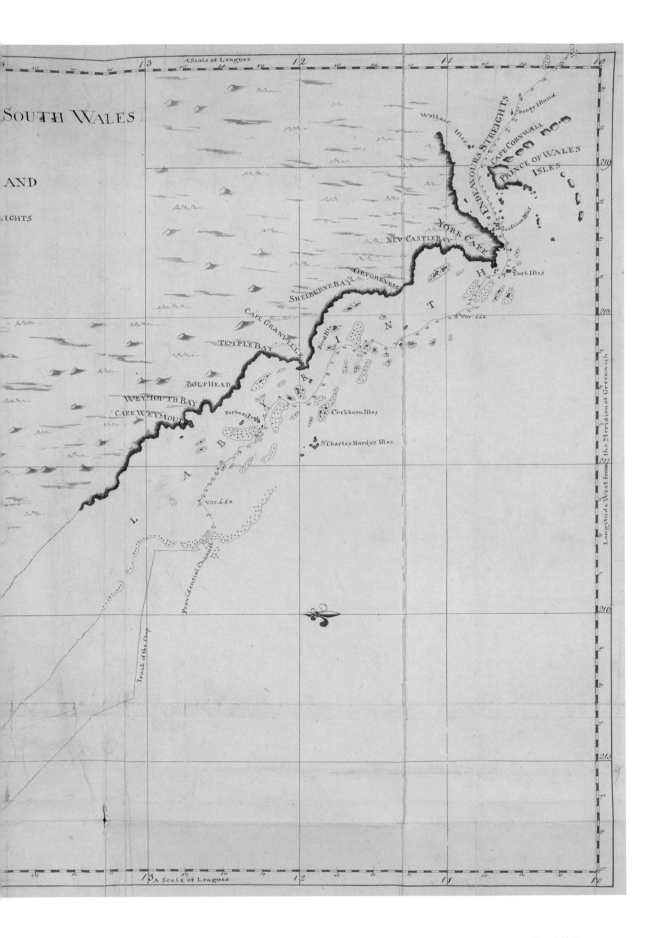

SOUTH WALES

AND

IGHTS

A Scale of Leagues

Walläre Isles

INDEAVOURS STREIGHTS

Booby Island

CAPE CORNWALL

PRINCE OF WALES ISLES

YORK CAPE

Possession Isles

NEW CASTLE BAY

York Isles

ORFORDNESS

Var. 5½ E.

SHELBURNE BAY

CAPE GRANVILLE

Bird Isle

TEMPLE BAY

BOLTHEAD

Cockburn Isles

WEYMOUTH BAY

CAPE WEYMOUTH

Forbess Isles

S.t Charles Hardy's Isles

Var. 4½ E.

Var. 4½ E.

Providential Channel

Track of the Ship

A Scale of Leagues

Longitude West from the Meridian of Greenwich

第一次航行：1768-1771

波塞申島

庫克宣布澳洲東岸為英國國王的領土，這個決定或許是他事業生涯中最具爭議性的舉動。歷史學家仍爭論著庫克這麼做的理由，因為他明顯違背海軍部的指令，「要在原住民同意下，以大不列顛國王之名在該國取得便利地點。」庫克提到宣布占領的做法時寫道，他確信這個海岸「在我們之前沒有任何歐洲人看過或造訪過」，而這合乎了海軍部占領土地的原則。大約在相同時期的日誌條目裡，庫克似乎也呼應了英國與歐洲廣泛的哲學觀點，或許他反映了船上班克斯與其他人的討論。

在《政府論兩篇》（Two Treatises of Government, 1690）中，英國哲學家約翰・洛克（John Locke）主張上帝將地球賜給人類使用：「上帝的意思不是指地球為人類共有，所以不應加以開墾。而是指將地球賜予勤勉與理性者使用（勞動使人類擁有土地）。」洛克在一段著名且具爭議性的段落中主張「人可以耕耘、種植、開墾多少土地，能使用多少土地出產的東西，就能擁有多少財產」。洛克認為，當時受英國殖民的北美原住民缺乏政治或經濟組織（至少就歐洲的觀點來看），因此生活在「自然狀態」。洛克的觀點提供了殖民北美洲與日後殖民世界其他地區的哲學根據。

庫克宣布占領澳洲東岸後不久，便在日誌裡摘要提及東岸與原住民。不知是有心還是無意，他在日誌中似乎呼應了洛克的觀點：

我們認為，這片土地處於純粹的自然狀態。人類的勤勉並未施加於這片土地，而且我們發現在自然賜予下，這片土地呈現繁茂的狀態。在這片遼闊的土地上，無疑地，一旦將絕大多數穀物、水果、根莖類作物引進此地，由勤勉者加以種植開墾，必將獲得豐收；這裡的牧草可於一年四季餵養更多的牛群，我們可將牛隻引進到這片土地上。

洛克的觀點遭到盧梭（Jean-Jacques Rousseau）的大力抨擊，他在 1775 年的作品《論人類不平等的起源與基礎》（A Discourse upon Inequality）中也提到「自然狀態」的存在。盧梭認為：

第一個人圈起一塊土地占為己有，然後說這是我的土地，他發現人們很單純地相信他的說法，這個人就是市民社會真正的創造者。然而，若有人拔掉界樁或填平溝壑，並大聲向同胞呼喊：不要聽這個冒牌貨的話；若你們忘了大地的果實平等地屬於我們所有，大地本身不屬於任何人，那麼你們將失去一切。說這句話的人將為人類免除多少罪惡、戰爭、謀殺、不幸與恐怖！

庫克在總結澳洲之行時，也呼應盧梭的觀點。他寫下「在一些人眼中，當地居民似乎是世界上最悲慘的人，但事實上他們過得遠比我們歐洲人還幸福」：

薩繆爾‧卡爾沃特（Samuel Calvert）根據約翰‧亞歷山大‧吉爾菲蘭（John Alexander Gilfillan）畫作繪製，
「1770年，庫克以英國國王之名占領澳洲大陸，命名為新南威爾斯」
出自《雪梨新聞畫報》（The Illustrated Sydney News），1865年12月。
這幅畫反映出維多利亞時代流行的殖民態度。庫克說話時，前方的原住民正做著奴僕的工作。在庫克右方端著飲料的人可能是畫家對圖帕伊亞的描繪。

歐洲人努力追尋富裕與必要的舒適，他們卻完全一無所知、不懂得追求，但他們過得幸福。他們過著平靜的生活，不受不平等的滋擾：大地與海洋提供他們一切生活所需，他們不追求華麗的房舍與家具用品，而是生活在溫暖良好的氣候下，享受健康的空氣，因此他們不需要衣物……簡言之，他們並不珍視我們給予的東西，也不會拿出自己的物品來跟我們交換；我認為，這表示他們認為自己已經擁有生活上一切必要的事物，因此並不奢求額外的東西。

從他的日誌看來，庫克似乎不認為自己同時結合兩種觀點是一種矛盾，因為這兩種觀點都是當時歐洲通行的思想。然而，這兩種觀點卻對澳洲東岸原住民文化與社會一無所知。庫克在植物灣時寫道：「我們對於他們的風俗所知甚少，因為我們從未與他們交流。」

左圖
約翰・威爾斯（John Wells）根據德拉蒙德（Drummond）畫作繪製，
「巴達維亞一景」，約1800年，凹版腐蝕版畫
大英圖書館，P494

下頁
戈德弗雷（R. B. Godfrey）根據西德尼・帕金森畫作製作的版畫
「歐塔海特（大溪地）原住民少年塔伊悠塔，穿著當地服飾」
版畫發表於帕金森《南海航行日誌》，1773年
圖9，頁66對頁
大英圖書館，L.R.294.c.7

巴達維亞

奮進號從澳洲北航到巴達維亞，這裡是荷蘭帝國在東印度群島的中心，奮進號在此地的船塢進行修整。班克斯寫道，圖帕伊亞在此之前得了壞血病，但抵達巴達維亞後，「他長久低落的情緒被眼前的景象振奮起來，他的男僕塔伊亞托的身體一直很好，此時他更是異常激動」：

> 房子、車子、街道，簡單來說，這一切是他過去聽人說過但從未真正了解的，此刻全都呈現在他的眼前。他驚奇地看著眼前的事物，無數新奇的東西讓他目不暇給，他在街上手舞足蹈，仔細觀看每一件物品。圖帕伊亞最先注意到的是不同民族穿著的各種服裝；他聽聞在這個地方，每個民族都穿著自己的民族服飾，他希望穿上自己的服裝，於是南海的服裝送上了船，他也根據自己的喜好穿上這些服裝。

荷蘭人根據荷蘭城鎮的布局來建造巴達維亞，甚至連市中心都交錯縱橫著運河，然而這些運河也成為天然的疾病孳生地。10月28日，班克斯寫道：「船員們接連生病倒下，岸上的帳篷躺滿了病患。」11月5日，蒙克豪斯去世。11月9日，塔伊亞托去世，11月10日，圖帕伊亞也緊接其後離世。共有七個人死在巴達維亞。

橫越印度洋時，熱病再度肆虐。1771年1月24日，海軍陸戰隊員約翰・楚斯洛夫（John Truslove）去世。第二天，斯波靈去世。1月27日，帕金森與船帆師傅約翰・拉溫希爾（John Ravenhill）雙雙去世。1月29日，格林去世。1月30日兩人死亡，31日四人死亡。往後幾個星期，庫克持續在日誌裡記錄死訊。2月27日，庫克列了三名船員的死訊，亨利・傑夫斯（Henry Jeffs）、埃曼紐爾・法拉（Emanuel Pharah）與彼得・摩根（Peter Morgan）去世，但他提到其餘的船員「正逐漸恢復」。

1771年7月10日，奮進號經過陸地的盡頭康瓦爾（Cornwall），7月13日在肯特（Kent）海岸外下錨。庫克在巴達維亞時已先行寄信給海軍部，告知「這次航行發現不多」，他解釋「未能發現南方大陸存在的證據（或許南方大陸並不存在）」。庫克返國後不久，在給約翰・沃克的個人信件上中呼應了先前通知海軍部的說法：「然而，我並未得到非常大的發現。」

Plate IX

S. Parkinson del.

R. B. Godfrey Sculp.

The Lad Taiyota, Native of Otaheite, in the Dress of his Country.

第一次與第二次航行之間（1771-72）
榮譽與爭議

奮進號返國後不久，海軍部任命約翰·霍克斯沃斯（John Hawkesworth）為這次航行撰寫官方紀錄，內容也涵蓋較早之前約翰·拜倫與薩繆爾·沃利斯率領之前往太平洋的英國探險隊。霍克斯沃斯取得了三次探險的紀錄副本，包括庫克與班克斯的日誌。民眾對航海故事的興趣濃厚，霍克斯沃斯因而能以 6,000 英鎊的價格出售版權。詹姆斯·包斯威爾（James Boswell）與塞繆爾·詹森（Samuel Johnson）討論到這本書的潛在重要性：

> 詹森。「先生，如果你把它當成一本商業題材的書，它會賺錢；如果把它當成一本增進人類知識的書，我相信裡頭並沒多少內容。霍克斯沃斯只是轉述航行者告訴他的事；而他們的發現很少，我想，他們只找到了一種新動物。
> 包斯威爾。「還有很多昆蟲，先生。」
> 詹森。「先生，為什麼提到昆蟲，雷伊估計英國的昆蟲有兩萬多種。他們大可待在國內，就能發現夠多的昆蟲了。」

這本書在 1773 年 6 月出版後，很快就成為暢銷書，而且引發許多爭議，一般認為這要歸因於霍克斯沃斯在同年稍晚就突然離世。在導言中，霍克斯沃斯駁斥上帝保佑奮進號使其免於撞擊大堡礁的說法，導致他被指控褻瀆神明。在引用日誌的說法時，霍克斯沃斯誇大描述太平洋島嶼的性自由，甚至斷言原住民過著不道德與聳人聽聞的生活。他在編輯時還發揮自己的創意，為了發揚

道德教誨，不惜「改動」原文或移花接木，將某人的話改成出自另一人之口。

與官方敘述分庭抗禮的是西德尼·帕金森的日誌，此日誌由他的兄弟斯坦斯菲爾德（Stansfield）出版。斯坦斯菲爾德在序言中攻擊班克斯，宣稱班克斯扣留了西德尼的日誌、圖畫與其他個人財產，不歸還給他的家人。就目前所知，帕金森的手稿日誌並未留存下來。而根據班克斯的說法，他把「只剩下散亂書頁的日誌借給斯坦斯菲爾德」，條件是日後必須歸還，「然而這些書頁根本拼湊不出完整的內容，而我一直未能找到完整的日誌。」斯坦斯菲爾德在報紙上登廣告，懸賞一百幾尼（guineas）打聽失蹤日誌與圖畫的消息，他認為「有充分的理由相信，日誌與圖畫被某人或某些人藏起來，為的是獲取報酬」。斯坦斯菲爾德宣稱，他「不僅透過購買、借用與贈與，來取得自己兄弟大部分的日誌，也收集到許多他的手稿與圖畫，因此得以用當前的形式向大眾呈現

1767 年普莉亞與薩繆爾·沃利斯會面的想像圖，
出自霍克斯沃斯的《奉陛下之命前往南半球探索航行
記》，1773 年
大英圖書館，G.7449

前頁
戈德弗雷，根據西德尼·帕金森畫作製作的版畫
「大溪地原住民的頭，她們的臉上有奇異的刺青」
版畫發表於帕金森的《南海航行日誌》，1773 年，
圖 7，頁 24 對頁，大英圖書館，L.R.294.c.7

這部作品」。西德尼的日誌出版後不久，斯坦斯
菲爾德就被送進精神病院，然後隨即去世。

如果與斯坦斯菲爾德的糾紛破壞了班克斯的誠實
名聲，那麼霍克斯沃斯的作品則廣為宣傳班克斯
是一名性探險家。霍克斯沃斯的作品出版後，報
紙上開始刊出一些文章與詩文，內容都是關於班
克斯在大溪地的時光，尤其描述他與普莉亞之間
的曖昧關係。其中有首詩的標題是〈大溪地女王
普莉亞寫給約瑟夫·班克斯的信〉，取材自霍克
斯沃斯描述的真實事件，裡面提到班克斯的衣物
在普莉亞的帳篷內被偷：

我緊吻你的唇，那充滿愛的雙唇，
聽見你用我的語言問候我；
Meeteeatira〔吻我〕，你甜蜜地說著，
你的眼神流轉情意。
說吧，溫柔多情的小伙子，說你忘不了這一
夜，
當你從狂亂的恐懼中醒來；
醒來吧，普莉亞，醒來吧，我的女王，你說，
有賊從我的腦袋底下偷走了我的褲子。

霍克斯沃斯試圖從事件中汲取道德教訓，但結果
卻讓人覺得荒謬可笑。上述詩句的作者寫道，「大
溪地人民以情感細膩著稱，遇到感動他們的事物
時總會痛哭流涕。」庫克是在第二次航行回來後
才讀到霍克斯沃斯的作品。包斯威爾提到，1776
年 4 月他與庫克共進晚餐時，庫克「糾正我，在
霍克斯沃斯博士的誇大描述中有好幾個錯誤」。

雖然庫克不像班克斯那麼出名，但奮進號返航
後，他也成為家喻戶曉的人物。庫克獲得觀見喬

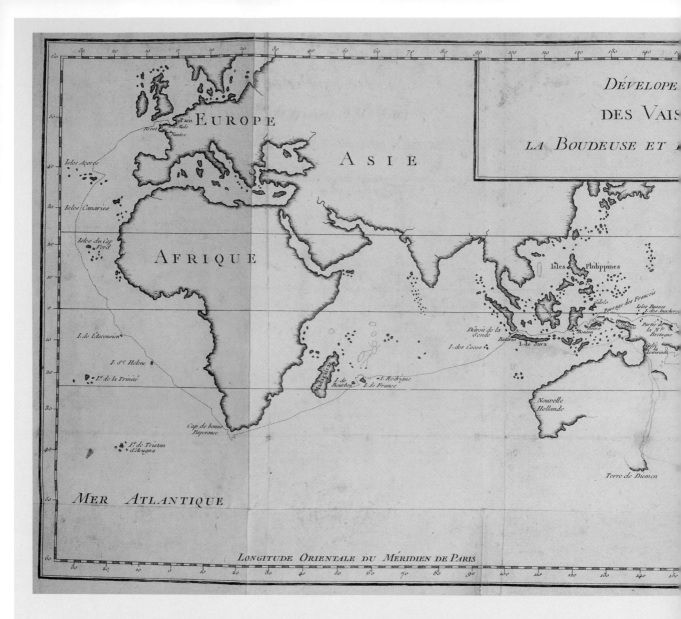

治三世的機會，而且開始受邀參與時尚社交派對。音樂家兼作家查爾斯·伯尼（Charles Burney）在回憶錄中寫道：「我很榮幸能在女王廣場宴請傑出的庫克船長，在他出發展開第二次環遊世界的航行前。」庫克與伯尼討論到布干維爾出版的太平洋航行記，對此伯尼寫道：

> 在檢視布干維爾的海圖時，我很想知道這兩位航海家的航線以及他們交會或接近彼此的確切位置。庫克船長立刻從他的口袋書裡拿出鉛筆，表示他會畫出路線；他以如此清楚而科學的方式畫出航線，即使有人拿出 50 英鎊，我也絕不會出讓這本書。鉛筆的痕

跡以脫脂牛奶固定，將永遠清晰可見。

伯尼的地圖現存於大英圖書館。如他預期，庫克當晚畫的航線至今仍清晰可見。庫克描繪紐西蘭與澳洲東岸的海圖時，為先前未測繪的南太平洋廣大地區做了填充，但絕大部分地區依然不為歐洲所知，人們持續猜測當地存在著南方大陸，等待人們前往發現。庫克返回英國之後為日誌補寫了後記，他提議進行第二次航行搜索這個地區，藉此證明南方大陸是否存在。1771 年秋天，海軍部委託庫克進行探險。班克斯也計畫參與這次航行。

1772 年春天，班克斯率領大約 15 名隨行人員抵

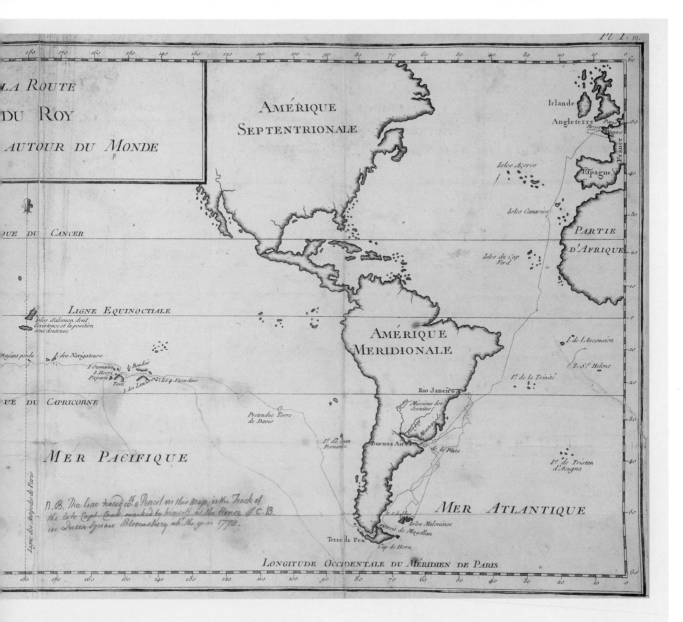

LA ROUTE
DU ROY
AUTOUR DU MONDE

AMÉRIQUE SEPTENTRIONALE

Irlande
Angleterre
Espagne
PARTIE D'AFRIQUE

QUE DU CANCER

LIGNE EQUINOCTIALE

AMÉRIQUE MERIDIONALE

Rio Janeiro

QUE DU CAPRICORNE

MER PACIFIQUE

Buenos Aires

MER ATLANTIQUE

N.B. The line traced with a Pencil on this map, is the Track of the late Capt. Cook marked by himself, at the House of C. B. in Queen Square Bloomsbury about the year 1772.

Terre de Feu
Cap de Horn

LONGITUDE OCCIDENTALE DU MÉRIDIEN DE PARIS

庫克用鉛筆在布干維爾《世界繞行記》（*Voyage autour du monde*, 1771 年）的第一張地圖上畫上奮進號的航線。（查爾斯·伯尼的地圖）
大英圖書館，C.28.l.10

達德普特福德（Deptford），這些人包括索蘭德、畫家約翰·佐凡尼（Johann Zoffany）、醫生詹姆斯·林德（James Lind）以及兩名法國號樂手。海軍局起初拒絕修改庫克決心號船艙以增加新的船艙的要求，但之後又屈服了。庫克懊惱地提到，這項指令「要求蓋一間圓屋或睡鋪供我起居，這樣大船艙就可以供班克斯先生一人使用」。當決心號下水時，船身傾斜得很嚴重，查爾斯·克萊爾克（Charles Clerke）形容這是「我這輩子見過或聽過最不安全的船」。海軍部於是下令，將更改的部分回復原狀，此舉引發了與班克斯及其支持者的公開爭論。

在首相諾斯勳爵（Lord North）與喬治三世調停之後，海軍部獲得勝利。班克斯接受失敗，他另外僱了一艘船，率領他的團隊（除了佐凡尼之外）前往冰島，這是距離英國最近的「植物學家與動物學家從未涉足之地」。途中他花了幾個星期探索赫布里底群島（Hebrides），他相信在其他地方快速消失的古代蘇格蘭文化與生活方式仍保存於此地。這裡將成為經常有人行經的路線。1769 年，湯瑪斯·裴南特曾造訪此地，1773 年，包斯威爾

第一次與第二次航行之間（1771-72）

〔斯塔法島上的芬戈爾洞穴〕（Fingal's cave on the island of Staffa）
大英圖書館，Add MS 15510, f.42

與詹森也將來此地展開著名的巡遊，詹森描述這片高地，「或許是一塊從未有車輪駛過的土地」。此次探險留下的繪畫出自一群藝術家之手，要不是與海軍部起了爭執，這些人應該會跟著庫克前往太平洋。

1762 年，詹姆斯·麥克弗爾森（James Macpherson）出版了《芬戈爾，古代史詩六冊》（Fingal, an Ancient Epic Poem, in Six Books）。這套書被認為是從傳說戰士吟遊詩人莪相（Ossian）的蓋爾語作品翻譯過來的，而正是這部作品引發人們對蘇格蘭高地的興趣。這些史詩以荷馬風格寫成，顯示古蘇格蘭似乎有著精緻的文學文化。麥克弗爾森宣稱，他從殘存的手稿與口述傳說收集到這些史詩，但不久就被指控虛構這些作品。莪相史詩的爭議促使人們釐清殘存知識與現代神話，特別是書面紀錄不存在的部分。塞繆爾·詹森描述他在 1773 年造訪高地時的狀況，他寫道，「傳說就像

流星，一旦殞落就不可能再發光發熱。」他告誡說，「如果我們對古代高地人所知甚少，那麼千萬不可用莪相來填補空白。」

與此相反，班克斯對於這些史詩的真實性深信不疑，他興致勃勃地造訪「這片芬戈爾建功立業的英雄之地，與莪相浪漫場景的發源之處」。這趟訪問的重點是前往斯塔法島（Staffa），那裡有個洞穴，「裡頭的柱子就像巨人堤道（Giant's Causeway）」。藝術家描繪洞穴的玄武岩柱，科學家則調查與描述洞穴的結構。班克斯對洞穴的看法呼應了他曾對托拉加灣石拱門所做的評論，他寫道：

與此相比，人類建造的大教堂或宮殿算得了什麼？……建築師又有什麼可誇耀的！整齊劃一，這是建築師自以為勝過他的女教師——自然——的唯一事物，但在這裡，從自

小約翰・克里夫利（John Cleveley Jr.）
豪卡達魯爾間歇泉 （*The geyser at Haukadalur*）
大英圖書館，Add MS 15511, f.37

小約翰・克里夫利
「穿著新娘服飾的冰島女性」
大英圖書館，Add MS 15512, f.17

然的財產中發現了這件東西，從古到今一直
屹立於此，無人知曉。這裡難道不是藝術最
初獲得學習的地方，整個希臘學校又對此增
益了多少？

根據班克斯的說法，當地嚮導告訴他，這個洞穴
被命名為芬戈爾。他寫道：「我們多麼幸運，能
在這個洞穴裡緬懷這位酋長，他以及整首史詩的
存在卻在英格蘭遭受懷疑。」

探險隊繼續前往當時屬於丹麥殖民地的冰島，在
八月底抵達該地。科學家觀察並記錄冰島獨特的
地質與自然現象，藝術家則描繪冰島生活景象。
班克斯或許是想追隨麥克弗爾森的做法，開始收
集與冰島歷史及神話相關的書籍與手稿，日後
這些資料全收藏於大英博物館。九月，班克斯
一行人攀登著名的海克拉火山（Mount Hekla），
這座火山自從 1104 年噴發後就被稱為「地獄之

門」。他們發現山頂冒著蒸汽，而且地面燙得無
法坐下。在造訪期間，他們也觀看豪卡達魯爾
（Haukadalur）大間歇泉的噴發，林德以四分儀測
量水柱的高度。班克斯還射下一隻岩雷鳥，並在
滾水裡烹煮了七分鐘。眾人也在斯久薩爾塔里爾
（Thjorsardalur）泡了溫泉。

1772 年秋天，探險隊返回英國。班克斯決定不跟
庫克一同前往太平洋，這表示他可以在倫敦與擁
有權力的人物與組織打好關係。1773 年，班克斯
被喬治三世任命為植物顧問，負責發展邱園（Kew
Gardens），使其成為大英帝國各地作物的移植中
心。1774 年，班克斯受邀參加皇家學會理事會，
開始為四年後當選會長鋪路。1774 年，他也獲選
加入業餘愛好者學會（Society of Dilettanti），這個
富有學者與收藏家組成的俱樂部。等到決心號於
1775 年返回英國時，班克斯已經成為英國體制核
心的一員。

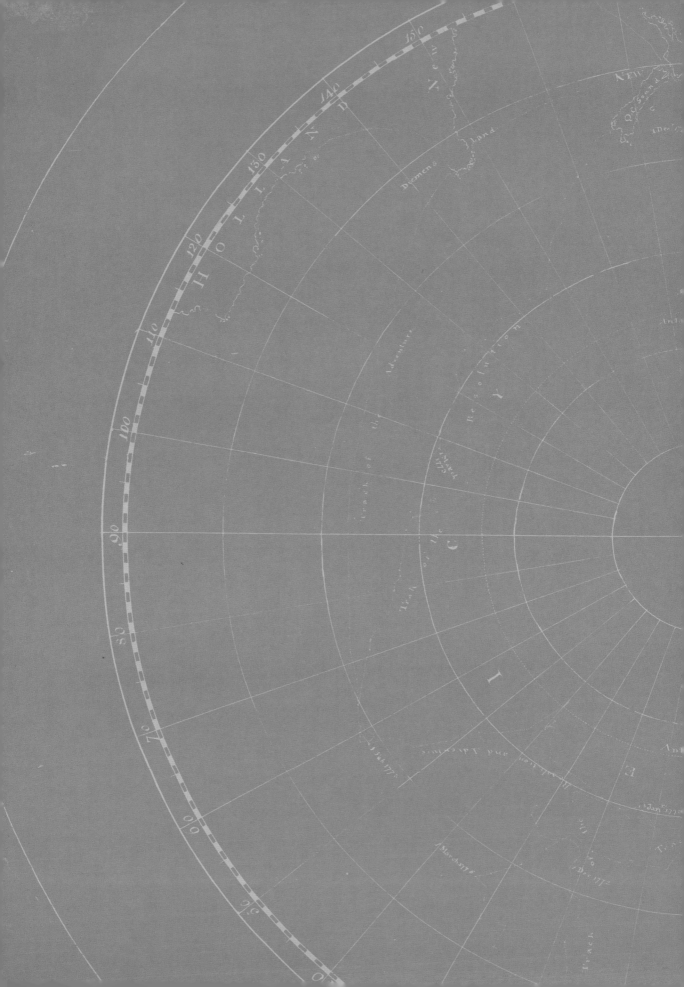

THE SECOND VOYAGE : 1772-75

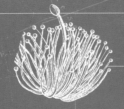

第二次航行：1772-1775

指令
THE INSTRUCTIONS

海軍部的第二次航行指令規定庫克尋找「吸引許多地理學家與前航海家注意的南方大陸」。他要從好望角往南航行，尋找 1738 年法國探險隊看見的陸地，有些人相信那就是南方大陸的尖端。之後，由庫克自行判斷與尋找陸地：

> 你可以視情況決定最適合的航向，無論往東或往西，但盡可能維持在高緯度地區航行，或盡可能在接近南極的地區探索；你要在船隻狀況、船員健康與糧食補給允許的狀況下做到這一點……

庫克指揮決心號，而曾經與沃利斯前往大溪地的托拜厄斯‧弗諾（Tobias Furneaux）則指揮冒險號（Adventure）。這兩艘船與奮進號一樣，過去都是惠特比的運煤船。為了尋找南方大陸——但終將發現南方大陸不存在——庫克兩次遠航到南極大陸，在冬季月份兩次環繞南太平洋，測繪許多島嶼的位置，這些島嶼過去歐洲人曾造訪過，但一直未在地圖上精確標定位置。隨行的科學家將首度觀察與描述南冰洋。

這次探險攜帶了拉庫姆‧肯德爾（Larcum Kendall）與約翰‧阿諾德（John Arnold）製造的約翰‧哈里

約翰‧阿諾德製造的哈里森精密時鐘
皇家學會，倫敦

森（John Harrison）精密時鐘。這是用來在海上精確計時的科學儀器，比第一次航行使用的月角距更能輕易計算格林威治（Greenwich）以東或以西的經度。哈里森在 1730 年代創造出一連串原始機型，而目前使用的機型 H-4 已在大西洋試航成功。精密時鐘可以用更簡單的方法精確測繪陸地位置，使測繪太平洋的工作向前邁進一大步，也讓歐洲船隻可以在太平洋暢行無阻。

前頁
這張地圖來自喬治三世的收藏，顯示歐洲想像的南方大陸。以顏色強調的一小塊海岸線地區描繪出這個地區唯一已知的陸地樣貌。
大英圖書館，Maps K.top.4.60

科學團隊
THE SCIENTIFIC PARTY

約翰·佛斯特被海軍部任命為博物學家,他於
1729年出生於但澤(Danzig)附近,1751年被授
予聖職,成為路德派牧師。七年戰爭期間,他的
家鄉被俄國軍隊占領,1765年,沙皇政府委託他
測量窩瓦河(Volga)地區。1766年,他前往英國,
擔任老師與作家,很快就成為一名愛國的英國臣
民。對佛斯特來說,英國擁有「一個溫和的政府,
在這裡一切立足平等,凡事講求法律,專制力量
無從發生,即使是最卑微的臣民也總能獲得溫柔
的對待與照顧,賞善罰惡、勇氣堅忍與良好行誼
總能獲得鼓勵」。

佛斯特從普利茅斯出發時,耳邊響起林奈給他的
訊息:「凡是喜愛與珍視自然科學的人都仰賴
你。」在所有曾參與航行的科學家中,佛斯特是
最博學的一位,他有自覺地成為法蘭西斯·培根
的追隨者,宣稱實驗是「獲得真理最堅實與唯一
可能的基礎」。他對於聽到的各種侮辱也很敏感。
決心號的天文學家威廉·威爾斯(William Wales)
日後寫道:「在我們首次抵達紐西蘭之前,佛斯
特幾乎與船上每個人都吵過架,而且總能找到爭
吵的理由。」佛斯特的兒子喬治也以助理與自然
史藝術家的身分與他一同出航。當決心號抵達開
普敦(Cape Town)時,瑞典博物學家同時也是林
奈的學生安德斯·斯帕爾曼(Anders Sparrman)受
僱上船,擔任第二助理。

威廉·威爾斯與庫克一樣,同是出身寒微的約克
郡人。威爾斯是位純熟的數學家,1766年為皇家
天文學家內維爾·馬斯基林僱用來協助準備《航
海曆》的初版,1768年被派往哈得孫灣(Hudson's
Bay),為皇家學會觀測金星凌日。威爾斯的妻
子瑪麗是查爾斯·格林的么妹,格林是天文學
家,曾經協助庫克測繪紐西蘭。威爾斯被經度委
員會任命參與決心號的航行,此外還有威廉·貝
利(William Bayly),他以天文學家的身分參與冒
險號的航行。威爾斯負責拉庫姆·肯德爾製造的
H-4,這個精密時鐘完整複製了原物。威爾斯與
貝利也負責另外三個由約翰·阿諾德製造的比較
廉價的精密時鐘,不過這三個精密時鐘很快就證
明較不可靠。

前頁
尚·弗朗索瓦·里戈(Jean François Rigaud)
《約翰·佛斯特博士與他的兒子喬治·佛斯特的肖像》,
約1780年
帆布油畫,
國家肖像館,坎培拉

上圖
約翰·羅素(John Russell RA)
《威廉·威爾斯,倫敦基督公學皇家數學學院院長》,
1775-98年
粉蠟筆畫
基督公學,霍舍姆

威廉・哈吉斯
WILLIAM HODGES

威廉・哈吉斯（William Hodges）被海軍部任命為官方藝術家。1744 年生於倫敦，是鐵匠之子。1755 年，他就讀威廉・雪普利（William Shipley）學校，開始學習繪畫。1754 年，雪普利成立了皇家文藝製造商業學會，該會宗旨賦予這座學校特殊的校風：「鼓勵進取，發展科學，提升藝術，改善製造，拓展商業；簡言之，使大不列顛成為指導世界的學校，因為大不列顛已經成為通往全世界的交通樞紐。」

哈吉斯離校之後，在理查・威爾森（Richard Wilson）底下擔任學徒，威爾森是一名風景畫家，之後成為獨立藝術家。與奮進號上的藝術家不同的是，哈吉斯在太平洋航行中倖存下來，日後為海軍部聘用，負責督導官方敘事的版畫並創作一系列油畫。這些作品多是以古典形式描繪太平洋的社會與風景，並大量援引黃金時代的希臘神話。哈吉斯對光線與色彩的運用令人印象深刻，不僅在航行時繪製的鋼筆畫呈現微妙的濃淡陰影，就連在倫敦完成的油畫也顯現出強烈的對比。

1779 年，哈吉斯前往印度，在那裡獲得英國總督華倫・黑斯廷斯（Warren Hastings）委託繪製風景與建築物。不同於其太平洋畫作，哈吉斯筆下的印度是個正步上衰頹的古代文明，他經常以傾頹的建築物來表現印度過去的偉大，以此對比出奢華造成的腐化。回到倫敦之後，哈吉斯把在印度的畫作製成版畫，然後集結成書出版。他在梅費爾（Mayfair）設立工作室，並且被選為皇家藝術研究院的成員。

1794 年，哈吉斯自費舉辦展覽，展出了兩幅巨幅畫作《和平的影響》（The Effects of Peace）與《戰爭的後果》（The Consequences of War）。此次展覽期間正值法國革命戰爭最激烈之時，約克公爵（Duke of York）指責這些畫作表現的「情感造成公眾不安」，哈吉斯因此結束展出。他隱居到德文郡（Devon）的布里克瑟姆（Brixham），放棄繪畫，改開銀行，但銀行隨即倒閉。1797 年哈吉斯去世。

前頁
威廉・丹尼爾（William Daniell）
根據喬治・丹斯（George Dance）畫作製作的蝕刻畫
《威廉・哈吉斯》，1808 年
國家肖像館，坎培拉

首次穿越南極圈
THE FIRST CROSSING OF THE ANTARCTIC CIRCLE

1772 年 7 月 13 日，船隊離開普利茅斯，先在馬德拉與維德角（Cape Verde）停靠，然後於 10 月 31 日抵達好望角。庫克一行人在好望角補給，並測試精密時鐘。當船隊從好望角往南航行時，氣溫急速下降，天氣也開始惡化。弗諾提到冒險號上的情況：「海浪不斷拍打船隻，甲板的裂縫不僅弄濕了大家的衣物，連躺臥的床鋪也不能倖免，船員們精疲力盡，寒冷無助。」11 月 30 日，佛斯特描述風暴來襲時的情況：

> 這樣的天氣讓大家措手不及，船隻左右搖晃，造成不少損害，椅子、玻璃、碗盤、杯子、茶托、瓶子等都摔個粉碎：海水灌進船艙，室內潮濕不堪，鬆脫的箱子、櫃子撞破艙壁，損毀了船艙。整艘船變得一團混亂，狼狽至極。

旅程中，佛斯特在日誌裡引用《埃涅阿斯紀》（Aeneid）的拉丁文段落，戲劇化地描述其見聞。11 月 30 日，他引用的句子是：「男人們叫喊著，帆布索具嘎吱亂響。夜晚般的黑幕垂落海上，船員們時時刻刻遭受死亡的威脅。」

12 月 10 日，首次在海上看到浮冰。第二天，佛斯特提到：「有一座寬廣的冰山，形狀接近立方體或平行六面體，體積十分巨大」，根據他在北大西洋觀察冰山的經驗，佛斯特估算這座冰山「深度約 1,600 英尺，體積大約 1 億 2,800 萬立方英尺」。幾天後，庫克形容經過的冰山群，「有些環繞一圈約兩英里，高度約 200 英尺。」

船隊繼續往南，溫度也降到了零下，帆布索具凍成了一塊塊方格圖案。12 月 14 日，地平線看起

來比平日亮得多，天空還出現白色的反光。威爾斯因為有哈得孫灣的經驗，比其他人早一步看出這個現象是「冰映光」（the blink of the ice），顯示他們已接近冰原。一般認為這幅畫是喬治·佛斯特畫的，畫中顯示從南極冰層反射出來的光的樣貌。庫克寫道：

> 六點半，我們被廣大的冰原擋住去路，冰原一望無際，在西南偏南方似乎有座高地，但

喬治‧佛斯特
「冰山島」，1772-73 年
水粉畫（先前認為是威廉‧哈吉斯的作品）
新南威爾斯州立圖書館

我們無法確認。現在我們隨著冰山的流向轉向南南東、東南與東南偏南方，並沿著冰山的邊緣前進，我們看見冰山旁有許多企鵝及鯨魚，還有許多冰鳥、小型灰鳥與花斑　。

往後幾天，冒險號持續在冰層邊緣航行，但庫克仍找不到往南的航路。在冰山之間航行是極危險的事。12 月 19 日，威爾斯描述道：「持續從龐大的冰山間通過，濃霧瀰漫，視線不清，我們差點就撞上冰山。」

Weather and Remarkable Occurrences, towards the South

So that we begin to think that we have got into a clear Sea. At about a 1/4 past 11 o'Clock We crossd the Antarctic Circle for at Noon We were by observation four Miles and a half South of it and are undoubtedly the first and only Ships that ever crossd that line. We now Saw Several Flocks of the Brown and White Antar. Which We have named Antarctic Petrels because they seem to be natives of that Region; the White Petrel also appear in greater numbers than of late and some few Dark Grey Albatroses, our constant companions the Blue Petrels have not forsaken us but the Common Pintadoes have quite disapeared as well as many other Sorts which are Common in lower Latitudes

船員們在冰山之間歡度耶誕節。庫克寫道：「看到船員想用自己的方式慶祝耶誕節，我把船帆調整到最適宜的狀態，以免受到強風吹襲與喝得爛醉的船員驚擾。」除夕那天，船隊位於南緯 59 度，冰原南北兩端開始冰封，船隻差點困在冰原裡，在順利脫困之前，船隻還遭受幾次「嚴重撞擊」。

一月中，連續幾天氣溫回升，庫克提到船員「有機會洗滌與曬乾衣物，這在航行中是可遇不可求的事」。風勢轉強，船隻疾駛於開闊海面。1773 年 1 月 17 日，庫克寫道：「11 點 15 分左右，我們通過南極圈，到了正午，根據觀測，我們已經在南極圈南方 4.5 英里處，無疑地，我們是第一艘也是唯一一艘通過南極圈的船隻。」

佛斯特非常激動地寫道，「在英國人之前，一直沒有航海家進入南極圈，此後應該也不會有人能進入南極圈。因為唯有擁有自由心靈的不列顛女神之子，才能隨著帶有鹹味的波浪前往大海所在的任何地方。」

船隊繼續往南航行，但不久開始出現地平線，而且地平線似乎比往常更為光亮。在南緯 67 度 15 分，庫克寫道：「冰山非常厚而且緊密，我們無法繼續往前」：

從桅杆頂端往南望去，除了冰以外什麼都沒有，從東方到西南西方，整片都是冰，這片廣闊的冰原由各種不同的冰組成，如高地或島嶼，小塊的冰則緊密拼湊在一起，還有原野冰（field Ice），這是格陵蘭人取的名字，挺適切的，這些一望無際的冰位於我們的東南方，高度至少 16-18 英尺，整片冰的高度均勻一致。

庫克當時不知道，他們距離南極大陸岸邊只有 75 英里（120 公里）。佛斯特寫道，「當我們接近冰山時，南極鸌飛離我們。但在冰山四周到處可見鯨魚。」佛斯特把在南方海洋看到的動物全畫入畫中，其中包括了南極鸌。

二月初，當南極的夏日將近尾聲，船隊也轉而朝東北行駛，前往紐西蘭。冒險號雖然屬於較小型的船隻，但在南極巡航時依然能跟上隊伍，但此時卻在濃霧中與其他船隻失散。決心號持續朝紐西蘭前進，途中並未發現陸地。3 月 15 日，佛斯特苦於船艙滲漏的酷寒與海水，他哀嘆說，「我們未曾看到任何值得注意的東西，在環繞世界近半圈後，我們唯一見到的只有海水、冰山與天空。」

威廉・哈吉斯
冰山之間的決心號與冒險號 ，1772-73 年
新南威爾斯州立圖書館

壞血病

航行期間，庫克花了很多時間實驗各種陌生的食物，希望防止壞血病的發生，壞血病是缺乏維生素 C 而引發的疾病。三年的海上航行，庫克只有一名船員因壞血病死亡，庫克把自己的做法記錄下來，包括定期清洗船隻及進行一些療法，如食用麥芽酒與德國泡菜，這些做法後來發表於皇家學會的刊物上，成為治療壞血病的決定性文件，而且為庫克贏得皇家學會的科普利獎章（Copley Medal）。庫克成功預防了壞血病，使他的觀念獲得廣泛採用，不過現在我們知道了，他在航行時使用的多種食物，維生素 C 的含量其實並不多。

1753 年，海軍軍醫詹姆斯・林德（James Lind）發表《壞血病論》（A Treatise of the Scurvy），一般認為這是最早針對壞血病進行的現代臨床實驗。1747 年，在索爾茲伯里號（HMS Salisbury）上進行實驗。林德選了 12 名患者，每個人都有類似的症狀。他讓他們每兩人一組。每組給予不同的飲食或飲水，這些飲食或飲水都是他從閱讀得知最普遍的建議療法。除了食物或飲水外，這 12 名病患接受的治療完全相同。林德寫道，「最迅速有效的食物是柳橙與檸檬。」海軍直到 1795 年才採用檸檬汁，因為直到 1795 年之後才證明檸檬確實能有效預防壞血病，這項延誤被視為醫學上的一大敗筆。

直到 1928 年，維生素 C 才被識別出來，它在預防壞血病上的角色也才為人理解。在十八世紀，療法的有效性與病人服用的意願，往往取決於嚐起來的味道。約瑟夫・班克斯就是個例子。他帶著愛丁堡醫生納瑟尼爾・休爾姆（Nathaniel Hulme）——休爾姆曾在 1768 年發表過一篇壞血病的論文——便準備了「檸檬汁菁華」上奮進號。班克斯寫道，吃了之後「證明效果很好，真要挑毛病，只能說味道比不上新鮮檸檬汁。」

冰的性質

從普利茅斯往南的旅程中，庫克與佛斯特測試了一項查爾斯・厄文（Charles Erwin）發明的設備，這項設備可以從海水蒸餾出淡水，如果船隊要前往遙遠的南極，淡水將不可或缺。在一次測試中，他們花了 11 小時收集到 31 加侖的淡水。他們也嘗試以溫度計測量海中不同水深的水溫。

儘管船上實施飲水配給，機器也持續蒸餾淡水，但到了 12 月底，每人的淡水分配仍減少至每日一品脫。他們知道北半球的冰山含有淡水，於是在 1 月 9 日派出小艇收集海上的散冰，如哈吉斯在畫中所描繪的。將冰放進銅鍋加熱後，產生了 15 噸的淡水，解決了嚴重的缺水問題。庫克寫道，「融冰的過程有點無聊而且費時，儘管如此，這已是我見過最迅速的取水方式。」他又說，「我們想從實驗得知，冷對海水有什麼效果……海水會不會結凍？如果會，要多冷才會結凍，鹽水會變成什麼樣子？」

1 月 14 日，船在極地冰蓋附近停下，他們將溫度計垂降到水下 100 噚的位置，測得水溫是華氏 32 度（冰點），但海水並未結凍。他們用鍋子融冰，以測試出「冰含有比自身體積更多的水」的理論。但佛斯特卻發現事實並非如此，水位反而降低了，他推論：「我們可以歸納出冷是一種真實的物質，它進入到水中使水膨脹，從而形成了冰，在用火加溫之後，冷便從水中被驅趕了出來。」佛斯特觀察從船旁邊漂過去的冰山，並推斷這些冰山是陸地上的降雪形成的，因為即使是大型的冰山，也是由「四、五到六英吋的冰逐層堆疊起來的」。

1773 年 2 月下旬，庫克提到冰山時表示：

> 雖然十分危險，但如今我們對這些冰山已十分熟悉，縱使一時感到害怕，但不久就被這些島嶼展示之特別奇妙與浪漫景象迷住了。

加上海浪拍打冰山產生的泡沫與各種大小不一的洞穴，更讓人目不　給。簡言之，這幅奇景只能仰賴畫家的妙筆描繪，看到的人一定會馬上驚喜交集。

威廉‧哈吉斯
「決心號與冒險號取用冰塊做為飲水。南緯 61 度」，1773 年
新南威爾斯州立圖書館

第二次航行：1772-1775

首次環繞太平洋
THE FIRST PACIFIC CIRCUIT

紐西蘭

1773 年 3 月下旬，決心號抵達紐西蘭外海，在南島多山的西南岸一處深水灣下錨。庫克將這個海灣稱為達斯基灣（Dusky Sound），這裡森林濃密，水中魚類豐富。當時正值南半球的秋天，庫克抵達時正是雨量豐沛的時候。佛斯特提到首次上岸時的見聞：「所有的岩石都長滿黴菌與各種青翠的草木：在樹林中移動非常困難，腐壞的樹木、濕滑的苔蘚、遍布的攀緣植物、粗大的樹枝與各種障礙都令人寸步難行。」

達斯基灣群山環繞，只有少數人居住。庫克抵達的第一天，有一群人划著獨木舟靠近船隻，他們在距離 300 碼的地方停了下來，根據威爾斯的說法，「他們躺了下來，似乎無比驚訝地看著船隻……船長命令所有人低下身子，然後盡可能地引誘他們上前，但沒有效果：因為他們在滿足好奇心之後就掉頭返回原來的地方。」

一星期後，一名男子站在岸邊岩石上對著一艘小艇打招呼。庫克寫道，「當我們划著小艇接近岩石時，那人似乎非常害怕，儘管如此，他還是站在原地不動。」庫克以手帕與紙做為送給那個人的禮物，佛斯特說，庫克「和他握手，並上前與他鼻碰鼻，這是當地住民表示友好的動作」。之後有兩名女性前來，他們「閒聊了約半小時，但雙方雞同鴨講，其中較年輕的女性聊得特別起勁」。

往後幾個星期，造訪者與這家人逐漸熟識。父親與大女兒尤其常到船上，並深受軍官與船員歡迎。威爾斯提到，在造訪登陸地點期間，這名女孩對另一名年紀跟她相仿的船員十分友善：

但當他做出一些放肆的舉動後──我認為是

前頁
丹尼爾・勒皮尼耶（Daniel Lerpinière）根據威廉・哈吉斯畫作製作的版畫
「紐西蘭達斯基灣的一家人」，1776 年。
本章版畫原刊於詹姆斯・庫克《決心號與冒險號南極與環繞世界航行，1772、1773、1774 與 1775 年》（*A Voyage towards the South Pole and Round the World, performed in His Majesty's Ships the Resolution and Adventure, in the years, 1772, 1773, 1774, and 1775*），1777 年
大英圖書館，Add MS 23920, f.53

右圖
根據威廉・哈吉斯畫作製作的版畫
「紐西蘭的婦女」，1776 年
大英圖書館，Add MS 23920, f.58

因為對方明顯流露對他的喜愛才做出這種大膽的事——她離開他，並坐在父母之間，之後我發現她再也不理睬他，直到一名軍官表示要為了這名船員侮辱她而槍斃他時，她才表現出關切，甚至因此流下淚來。

停留期間，庫克與那名父親交換禮物，包括歐洲工具與服裝，也在達斯基灣留下山羊與豬，讓英國農場動物在當地育種。哈吉斯為這家人畫了素描，返回倫敦後，他完成一系列達斯基灣油畫，每一幅畫都有他在當地遇見的人。畫作的風格既浪漫又生動，運用了樹林、大海與瀑布等自然特徵，讓人聯想起遙遠的阿卡迪亞。

離開達斯基灣後，決心號往北航行到夏綠蒂王后灣，冒險號比他們早幾個星期抵達。停留期間，登陸地點成為貿易中心，北島居民到這裡與來訪者交換物品。兩艘船的船員都被問起圖帕伊亞的事。庫克發現他搭乘奮進號前來時並沒有見過這些人，他寫道：「當時圖帕伊亞非常出名，無怪乎這次造訪紐西蘭大部分地區的人都聽過他的大名，與他素未謀面的人也跟見過他的人一樣對他的名字耳熟能詳。」

慶祝英王喬治三世生日時，大家都喝得醉醺醺的，佛斯特提到當地有些男子把女人帶上船：「只要我們的年輕船員開出讓他們滿意的價碼，他們二話不說就把女人交給船員。」庫克與佛斯特對於在夏陸蒂王后灣停留期間出現的組織賣淫感到難過，但他們無力阻止，庫克寫道：

這就是與歐洲人貿易的結果，我們這些文明的基督徒對此更該感到羞恥，我們讓他們原已容易傾向邪惡的風俗變得更加墮落，我們讓他們變得貪得無厭，或許還帶給他們過去從未聽聞的疾病，這些只是破壞了他們祖先享有的幸福與安寧。若有人反對我的說法，那麼請他告訴我，整個美洲的原住民與歐洲人貿易後有什麼下場。

這段帶有強烈情緒的段落，在庫克日誌中相當少見，充分表示他對造訪當地造成的負面影響深感不安。貿易的效果是正面的，而且透過散布財富可讓交易雙方獲利，這樣的觀念深深影響英國人如何思考自己在世界的地位。夏綠蒂王后灣的景象挑戰了商業是一股良性而「文明」的力量，而且似乎讓目睹這個景象的庫克、佛斯特與其他人由衷感到震驚。

Drawn from Nature by W. Hodges.

Engraved by J. Caldwall.

O M A I.

Published Feb.ʳ.1ˢᵗ. 1777, by Wᵐ. Strahan, New Street, Shoe Lane, & Thoˢ. Cadell, in the Strand, London.

回到大溪地

1773 年 6 月 7 日，船隊離開紐西蘭往東航行，他們的航線比當初奮進號的航線偏南十個緯度。一個月後，由於完全看不到陸地，庫克轉而往北航行，搜尋 1767 年菲利普・卡爾特雷特發現的皮特肯島（Pitcairn Island），但「一無所獲，只看到兩隻熱帶鳥類」。他在提到南方大陸時寫道：「眼前的狀況顯示南方大陸並不存在，但這件事至關重要，不能有絲毫推測，一切必須仰賴事實，唯一的做法就是實際造訪仍未探索的海域，這是我們接下來的航行任務。」

1773 年 8 月，船隊抵達大溪地。自從奮進號造訪後，大溪地便因派系傾軋而陷入內戰，一些圖特哈與庫克所認識的人均死於戰爭。理查・皮克斯吉爾（Richard Pickersgill）沿海岸探索時遇到了普莉亞，並發現她「狀況不佳、貧窮且喪失了影響力」。現在有兩名領導的酋長，一位是維希亞圖瓦（Vehiatua），這名年輕人最近才因為父親去世而成為瓦特皮哈灣（Vaitepiha Bay）周邊地區的酋長，另一位是圖特哈的姪子圖烏（Tu），他是瑪塔維灣周邊地區的酋長。

歐洲船隻造訪大溪地已變得較為常見，同樣地，島民也經常搭乘歐洲船前往異國。庫克一行人剛抵達大溪地時曾因一件事引起騷動，有船員看見「一名歐洲人為了躲避他們而直接跑進森林……從外觀來看，他們判斷此人是法國人」。庫克拿了幾面歐洲旗幟給當地人看，正確判斷出奮進號離開後曾有一艘西班牙船來到大溪地。（至於那名神秘的「法國人」則從此未再出現。）

威爾斯把他親眼所見的大溪地生活與他曾經閱讀的歐洲人描述做比較，然後對布干維爾有關大溪地女性淫亂的描述潑了一盆冷水：

> 我有充分的理由相信，這裡絕大多數人都不會做出這種放肆的行為，或至少對這些行為抱持非常謹慎的態度……一個造訪英國的外邦人也應該以同樣公正的態度來描述當地女性的性格，無論在普利茅斯灣、斯皮特黑德（Spithead）或泰晤士河的船上；或在樸茨茅斯（Portsmouth）的岬角或沃平（Wapping）的鄰近地區。

1773 年 9 月 1 日，決心號與冒險號離開大溪地，往西前往胡阿希內島與賴阿提亞島。在胡阿希內島，一位名叫瑪伊〔Mai，英國人叫他歐瑪伊（Omai）〕的年輕人加入了冒險號。瑪伊日後隨冒險號返回倫敦，並在停留倫敦期間成了家喻戶曉的名人。在賴阿提亞島，庫克帶了一位名叫希提希提〔Hitihiti，或叫歐蒂迪（Odidee）〕的年輕人上船，他加入決心號，參與第二次及第三次穿越南極圈，之後 1774 年 6 月決心號第二次造訪賴阿提亞島時返回家鄉。

束加

從賴阿提亞島出發後，庫克往西南方航行，他相信可以找到塔斯曼描述的群島。1773 年 10 月 2 日，埃瓦島映入眼簾〔'Eua，塔斯曼稱為米德堡島（Middleburg Island）〕。庫克寫道，當船接近岸邊時，「兩艘獨木舟出現，每艘船各有兩、三個人，他們把獨木舟划到船旁，一些人毫不猶豫地上船，這種自信讓我對這些人產生好印象，我決定在此下錨。」一位名叫泰歐尼（Taione，或 Tioonee）的酋長陪庫克一行人上岸，岸上有「一大群男女熱烈歡呼，每個人手上連根木棍都沒拿」。

島民的熱情歡迎使庫克日後將此地命名為友誼群島（Friendly Islands），而庫克也讓一些島民上船，他們的表現讓庫克一行人相信，他們終於找到真

正的阿卡迪亞樂園。威爾斯寫道：「從他們首次上船毫無戒心的樣子，我們相信他們的內心根本沒有敵人一詞，然而當我們上岸後，卻發現他們擁有各種非常可怕的武器，包括以硬木製成的木棍與長矛。」

第二天，船隊航向不遠處的本島東加塔普（Tongatapu）。庫克描述，島民在岸邊奔跑，「有些人手裡拿著小白旗，我們認為這是和平的象徵，於是舉起聖喬治船旗回應他們。」等到船隻抵達下錨，「許多島民上船，有些人划獨木舟前來，有些游泳過來，他們隨身沒帶什麼東西，只帶了布匹與其他罕見之物。」登陸之後，庫克一行人受到「男女老幼大批群眾的歡迎，熱情程度

約翰・謝爾文（J. K. Shirwin）根據威廉・哈吉斯畫作製作的版畫
「登陸米德堡島 Middleburgh，埃瓦島（'Eua），友誼群島（Friendly Islands）之一」，1777 年
喬治・佛斯特寫道，「鑑賞家會發現畫裡出現希臘人的輪廓與特徵，而這在南海是絕不可能出現的。」
大英圖書館，Add MS 23920, f.95

威廉・哈吉斯
「歐塔戈（Otago），阿姆斯特丹島酋長」，1773 年
新南威爾斯州立圖書館

就跟米德堡島一樣」。克萊爾克形容這座島「儼然是一座伊甸園」。

在東加塔普島上，庫克由一位名叫歐塔戈（Otago）的男子引領環繞全島，這名男子是他登陸時認識的，他認為他是「一位酋長或顯耀人物」。庫克提到，他看到「一間祭祀的屋子」，裡面放了兩尊雕像，他擔心「冒犯了他們或他們的神明」，

因此「連碰都不敢碰」，他詢問對方這是否為他們的神像。歐塔戈把雕像「翻轉過去，他的動作很粗魯，彷彿這些東西不過是木頭，我不禁懷疑這可能不是神像」。然而，為了避免冒犯，庫克還是把禮物放在神龕上，包括「藍色小石子、一些徽章、釘子與其他物品，我的朋友拿起這些東西，直接放在身上」。

之後，歐塔戈介紹他認識另一名地位較高的酋長，之後又觀見「全島的國王」。當庫克將禮物呈獻給國王時，「我不僅未得到任何回應，國王的頭或眼睛一動也不動，坐在那裡像根立柱一樣」。儘管如此，當天稍晚國王送來了「約20籃禮物，有烤香蕉、酸麵包、甘薯與一頭重約20磅的豬」。庫克經常想與地位最高的人建立關係，然而這種想找出獨一無二的「國王」或「女王」

的想法經常造成誤解。東加的首長階序比絕大多
數地方來得複雜，庫克一直搞不清楚東加統治團
體的性質。

威廉・哈吉斯
東加塔普島的獨木舟，1774 年
大英圖書館，Add MS 15743, f.2

第二次航行：1772-1775

極南之地
FARTHEST SOUTH

威廉‧哈吉斯
南方海洋的決心號 ，1773-74 年
新南威爾斯州立圖書館

重返南極

船隊從東加往南航向紐西蘭，準備再度前往南極。他們在北島東岸外海遭遇風暴，船隊被吹散，冒險號進入托拉加灣，決心號則再次進入夏綠蒂王后灣。在等待冒險號三個星期之後，庫克寫了訊息給弗諾，並且將訊息埋在樹底下，在樹幹上刻了一行字「看底下」。庫克沿著海岸往南航行，每半小時鳴砲一次，希望冒險號能聽到，之後下令「直接南行」。決心號離開一星期之後，冒險號才抵達夏綠蒂王后灣。

在冒險號停留期間，一群船員到鄰近海灣採集芹菜，卻與一群毛利人發生衝突而遭到殺害。他們的小艇遲未返航，詹姆斯‧伯尼（James Burney）少尉奉命率領另一艘小艇前往調查。伯尼描述在岸上發現打鬥的痕跡與一些船員的屍體。他們對著陸地上的人群射擊，然後返回船上。伯尼在日誌裡寫道，他認為這場殺戮不是出於預謀，很可能「因為爭吵而起」。弗諾並未停下來調查這起暴力事件的起因，冒險號之後返航，於 1774 年 7 月 14 日抵達英國。

決心號離開紐西蘭後繼續往南，12 月中旬，他們再次進入氣溫零下的海域，冰山的數量也越來越多。12 月 15 日，佛斯特寫道，「我們發現自己置身於大冰島、遼闊冰原與浮冰之中。」希提希提形容這些冰島是「白色、邪惡、無用之物」。他在大船艙裡與佛斯特一起工作，協助他們編纂大溪地詞彙與描述當地風俗。

1773 年 12 月 21 日，庫克寫道，在強風、濃霧與夾雜冰雪的大雨中，「我們第二次通過南極圈，持續朝東南方前進。」整艘船又冷又濕。佛斯特

形容他的船艙「充滿有害健康的臭氣與水氣，我摸到的每件東西都是潮濕而長滿黴菌，看起來與其說是人住的地方，不如說是死人待的地府。」庫克提到甲板的狀況：「我們的繩索凍成鐵絲，船帆凍成金屬板，零碎雜物牢牢地凍在一起。」

耶誕節當天，威爾斯描述「眼前出現 200 餘座冰島，每座冰島的體積都大過船身」。風力逐漸減弱，船隻幾乎靜止不動。對佛斯特來說，這些冰山看起來「就像世界末日後的殘骸」。南極的危險不減人們過節的興致。佛斯特表示：「每座冰山都有可能讓我們粉身碎骨，加上船隻孤懸海中，喝醉的船員圍著你狂笑歡呼，他們的穢言穢語與叫罵詛咒吵得你不得安寧，這種狀況跟詩人描繪的地獄景象已相差不遠。」

在此之前庫克已「盡可能找到遠離冰山的地方停泊，然後沿著冰島邊緣漂流」。庫克提到：「我們有兩件幸運的事，持續的白晝與晴朗的天氣，如果遇到濃霧，那麼我們只能仰賴奇蹟，讓我們從冰山之間通過。」船隻逐漸往北航行，冰島的體積變得越來越小，數量也越來越少。

佛斯特與許多船員一樣，都希望接下來能轉往合恩角，然後返國。1 月 5 日，佛斯特抱怨，並以滑稽的方式表現他與庫克的實際對話：「有一種人，生來鐵石心腸，完全不顧念人性與理智；他們對於美德與良好的行為抱持錯誤的看法，憑著堅忍不拔，絲毫不向偶然與未來的探索者退讓；然而這麼做，卻賠上了可憐船員的性命，或至少損耗了他們的健康。」

極南之地

1774 年 1 月 12 日，庫克下令船隻再度往南，不久後他們遭遇了一場大風暴。佛斯特寫道：

> 我整夜無法入睡，我的艙房淹滿了水，一下床，整個腳踝全泡在水裡……海洋與強風肆虐整晚。海洋毫無平靜下來的跡象，彷彿對這些不請自來、好奇、四處逡巡的弱小凡人感到不悅，他們闖入這片由祂支配且自創世以來就無人攪擾的領域；或許更令祂生氣的是，這群凡人不斷尋找自始就不存在的陸地。

往後幾天天氣轉好，船隻順利進入開闊海域，並且在 1 月 26 日第三度通過南極圈。兩天後，佛斯特寫道：「我們從未來到這麼南邊，只有上帝知道我們還能前進多遠，如果沒有冰山或陸地阻止我們向前，我們可以一路直達南極，並在五分鐘之內達成環繞世界的壯舉。」

船隻繼續往南，但開始遭遇越來越多的冰山。1 月 30 日，庫克寫道：

> 清晨剛過四點，我們看到南方接近地平線的雲出現不尋常的雪白亮光，顯示我們正航向冰原，八點，我們從桅杆頂端看到冰原，不久後我們接近冰原，這片冰原由東到西呈直線延展，一直延伸到視線以外的地方；它看起來就像地平線上的雪白光芒……接近地平線的雲完全是雪白的，與高聳入雲的冰丘相接，兩者幾乎無法看出界線。這片廣大冰原的外緣或北緣是由鬆散或破碎的冰塊緊密擠疊而成，幾乎找不到空隙進去；深入一英里後，堅實的冰開始出現，一整塊密實堅硬的巨大冰體，越是往南，冰的高度越高；在這片冰原上，我們算出有 97 座冰丘或冰嶺，許多極為高聳巨大。

庫克的結論是：

我的雄心壯志不僅引領我來到此前無人抵達的遙遠之地，也讓我來到比我想像更遠的地方，往前的路遭到阻絕，對此我不感到遺憾，某方面來說，這反而讓我們從南極航行帶來

的危險與艱困中解脫。既然我們已無法再往
南移動任何一吋，那麼我們也就沒有理由繼
續執行任務，只好往北返航。

威廉·哈吉斯
「冰島群」，1773-74 年
新南威爾斯州立圖書館

第二次環繞太平洋
THE SECOND PACIFIC CIRCUIT

亨利・羅伯茲（Henry Roberts）
與詹姆斯・庫克
復活節島海圖與素描，1774 年
大英圖書館，Add MS 31360, f.34

復活節島

在南極度過一整個夏天之後，決心號的軍官與船員都希望經由好望角返鄉。然而庫克決定再環繞南太平洋一圈，這次的範圍更大，之後再探索大西洋南部，最後返回英國。庫克決定更深入探索南太平洋，一方面是希望找出歐洲人尚未造訪的島嶼（尚未探索的海洋地區已不足以容納南方大陸），另一方面則是想精確測繪其他探險隊先前造訪過的島嶼位置。後者包括了「復活節島，該島標定的位置總是因人而異，能否找到這座島嶼，我自己不抱太大希望」。最早造訪復活節島的歐洲船是雅各布・羅赫芬（Jacob Roggeveen）的探險隊，他於 1722 年復活節抵達此地。然而因為未能精確判讀經緯度，往後 50 年間該島位置一直不為人知。1770 年代初期，兩艘西班牙船抵達復活節島，決心號則於 1774 年 3 月抵達，島民對於歐洲人的到來早已見怪不怪。

當決心號接近岸邊時，兩名男子划獨木舟前來。他們送上一串大蕉，庫克則回送他們繫了紅緞帶的徽章。庫克一行人登陸，岸上站著一百多名男子，庫克說，這群男子「並未阻止我們上岸，相反地，他們手上都沒有拿木棍」。復活節島位於玻里尼西亞三角（Polynesian Triangle）的東角，希提希提能與當地人交談。庫克贈送禮物並以釘子換取食物。造訪者被帶去看水井，克萊爾克說道，這口井「離海很近，井水水位會隨著潮汐升降」。當威爾斯看到「有人戴著非常好的歐洲帽子」時，他了解最近有歐洲人造訪此地。帽子在島上是特別珍貴的物品，希提希提與哈吉斯的帽子被人「從頭上摘走，然後逃得無影無蹤」。

這張海圖據信是由一等水兵亨利・羅伯茲（Henry Roberts）在庫克監督下繪製的，這次航行對造訪

島嶼畫了許多類似海圖，這張是其中之一。次頁底部的海岸側面輪廓顯示從決心號甲板看到的景象，包括一些海岸線上的石像。由於庫克在南極航行的最後階段生病了，佛斯特說，他變得「非常虛弱憔悴」，故改由皮克斯吉爾率隊探索復活節島。這些石像的起源與目的引起大家的興趣。佛斯特寫道：

> 這些柱子立在某種柱腳或石造台基上：有些地方的台基是切割得整整齊齊的方形石塊，看來方正而優美，只有擁有完善工具的民族才能完成這項工作。我無法理解他們如何想出這些結構，因為我們沒看到他們使用工具……這些柱子顯示島上原住民原本是個強大的民族，人口比現在多，也更加文明開化；這些柱子如今只能充當紀念碑，讓人緬懷過去的繁盛。

威爾斯提到他們在一座石像下午餐，石像的陰影「足以讓所有人遮蔭，讓他們一群近 30 人都可免於日曬」。羅赫芬曾描述，島民「在日出時敬拜這些石像」並且推測這些石像是「緬懷古代酋長的紀念碑，可能是這些酋長的埋骨之處」，但威爾斯對於羅赫芬的說法感到懷疑。

由於找不到適當的補給，庫克決定離開。他寫道：「沒有任何民族會爭搶發現復活節島的榮譽，因為在這片海域，隨便一座島嶼都比復活節島更能讓人恢復元氣與休養生息。」庫克在提到石像的謎團時評論道：「如果這座島確實如《羅赫芬航行》一書中一名作者所言，曾住著身高高達 12 英尺的巨人族，那麼如今這個奇觀已然消失，取而代之的則是另一項非比尋常的東西，那就是了解到巨人族最終也免不了走上滅亡之路。」

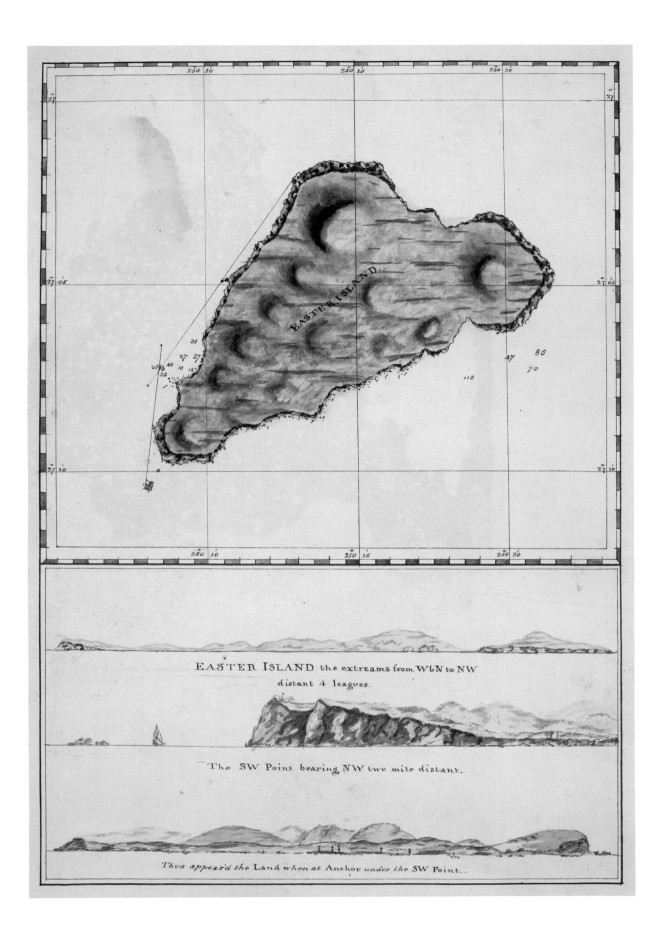

EASTER ISLAND the extreams from WbN to NW
distant 4 leagues.

The SW Point bearing NW two mile distant.

Thus appear'd the Land when at Anchor under the SW Point.

圖烏

1774 年 4 月 21 日,決心號再次抵達大溪地,於瑪塔維灣下錨。圖烏「與一大批人及幾名尊貴的酋長」前去拜訪,並送上十到十二頭豬為禮物。他留在船上用餐,而且獲贈禮物。庫克原想待到威爾斯測試完精密時鐘後就啟程,但當他發現這裡的食物供應充足,有許多新蓋的房子、獨木舟與種種繁榮景象時,「顯示這個國家蒸蒸日上」時,他便決定多待一陣子。佛斯特也提到這個國家「在各方面都有改善」,藉由使用我們送給他們的鐵器,他們有能力興建新的房子與獨木舟。

1788 年,圖烏成功地將大溪地各個部族統一成一個王國,他自己則成為第一任國王波馬雷一世(Pōmare I)。1774 年,威爾斯如此形容圖烏:

> 年輕、身材高瘦、嚴重駝背:外表看來愚蠢,
> 但他的行為與管理能力卻顯示他是一名睿智、進取與偉大的君主……他似乎非常熱中於軍事:他的王國每一個角落都在建造作戰

獨木舟;我們在當地時,他幾乎每天都要進行檢閱。

庫克在造訪期間命令海軍陸戰隊員在海灘上進行軍事操演,火槍反覆齊射,令旁觀者大為驚奇。圖烏也安排兩隊人馬在海灘上以長矛進行模擬交戰。威爾斯提到,圖烏「非常和善,一直要我們不用害怕,因為這些人不會傷害我們」。在圖烏的請求下,船上施放火砲,並進行煙火表演。

決心號出發前,「全體王族」登上船隻,圖烏的父親將一套主哀悼者的服飾贈送給庫克。圖烏讓庫克觀賞一艘建造中的作戰獨木舟,這也是目前為止,庫克在「各個島嶼中看過最大的一艘」。於是,庫克送給圖烏「一面英國艦首旗與吊飾」,並請求將獨木舟命名為「布里塔尼〔Britanne,即不列顛尼亞(Bri-annia)〕,他們知道這是我們國家的名字,而圖烏馬上就答應了」。

上圖
威廉・哈吉斯
大溪地瑪塔維灣一景，1774 年
大英圖書館，Add MS 15743, f.9

右圖
霍爾（J. Hall）根據威廉・哈吉斯畫
作製作的版畫
「歐托」（Otoo，圖烏），1777 年
大英圖書館，Add MS 23920, f.42

大溪地的作戰獨木舟

停留大溪地期間，庫克、佛斯特與哈吉斯沿著海岸前往帕雷（Pare）拜訪圖烏。在那裡，他發現岸邊停靠了一支作戰獨木舟艦隊，如哈吉斯在這幅畫中所繪。庫克寫道：

是艦隊的將領或指揮官。

圖烏與托歐法既是盟友也是對手。托歐法帶庫克前往他的旗艦，「從旗艦上走下來兩列武裝人員，他們站在岸邊不讓群眾向前，並清出一條道路讓我們上船。」但庫克婉拒上船，在回到自己的小艇後，他評論這支艦隊：

> 我們到了那裡，很驚訝地看到 300 多艘作戰獨木舟秩序井然地停在岸邊，設備與人員一應俱全，岸上還有大批人員……然而，我們還是上了岸，並獲得許多人的歡迎接待，他們有的拿著武器，有的沒有。沒拿武器的是圖烏的朋友（Tiyo no Otoo，friend of Tu），拿武器的是托歐法的朋友（Tiyo no Towha, friend of To'ofa），不久後我們得知，托歐法

> 指揮官站在戰鬥平台上，身穿戰袍，只見他們纏著大片布巾，身著胸甲，頭戴頭盔，有些人的頭盔太長，甚至影響佩戴者的行動。事實上，整套服裝看起來並不適合戰鬥，主要的目的是裝飾而非實用考量，儘管如此，

這套戰袍確實看起來威風凜凜。他們不僅花心思裝扮自己,也在自己的船艦上裝設旗幟與飾帶,讓整艘戰艦看起來雄偉而高貴,這種景象是這片海域前所未見的。

第二天,圖烏與托歐法到決心號共進晚餐。佛斯特提到,這兩個人「告訴我們,茉莉亞島與提阿拉布島(Tiaraboo)的人是他們的敵人,他們希望庫克船長能開船到那兒開砲攻擊他們」。庫克寫道:「我顧左右而言他,相信他們了解我無法答應他們的請求。」

詹姆斯・考爾德沃爾根據威廉・哈吉斯畫作製作的版畫
「歐—希迪帝（O-Hedidee，希提希提），1777 年
大英圖書館，Add MS 23921, f.46

希提希提

1773 年 9 月，希提希提加入決心號，前往東加、紐西蘭、南極與復活節島。他來自波拉波拉島，波拉波拉島曾派兵占領圖帕伊亞的家鄉賴阿提亞島，而希提希提就是在賴阿提亞島加入此次航行。庫克寫道，希提希提「說他是偉大的歐普尼普尼 的親族，也是波拉波拉島的擁護者，他自己就是在波拉波拉島出生的」。一般認為希提希提在 17、18 歲時加入決心號。

在航行期間，希提希提使用一捆木棒來協助自己記憶新島嶼的名稱與位置，並增益了社會群島對遙遠地方的知識。1775 年，西班牙人再度來到大溪地時，他們注意到大溪地航海者提到一批新島嶼的名稱，包括 Pounamu（綠石之水，即紐西蘭的南島）與 FenuaTeatea（可能指的是紐西蘭的北島）。當 1774 年希提希提回到大溪地時，圖烏賞賜他「土地、榮譽與一切國王能給予的東西」。

在決心號離開大溪地前一天，庫克寫道，希提希提「渴望留在島上」，但「每個人都勸他跟我們一起走，說他將看到非凡的事物，而且能帶著大批財寶返鄉」：

我認為不應該哄騙他，就算我們承諾會帶他返鄉，但違反他的自由意願將他帶離這些島嶼是極不公正的行為，更何況船上的人有誰能擔保一定能兌現承諾。此外，此刻說服任何人一起出航也毫無必要，因為有許多年輕人自願跟我們一起走，甚至願意待在英國，在英國終老。

佛斯特勸希提希提前往賴阿提亞島，他認為若希提希提沒回去，當地人會說「我們殺死了他，而且拒絕給予我們豬隻與補給」。希提希提決定待在賴阿提亞島，庫克在他的要求下寫了一封證明書，將他推薦給「在我之後抵達這些島嶼的人」。他一直待在船上，直到決心號要離開港口時才下船，他獲准「在陛下生日這天施放禮砲，同時也對他的離去致意」。之後，他划獨木舟離開決心號。威爾斯寫道，「從船尾降下時，他仰望決心號，露出難以言喻的悲傷神情，他流下淚來，然後從船尾離去。」

Drawn from Nature by W. Hodges.

O-HEDIDEE.

London, Publish'd as the Act directs July 16.1776.

Engrav'd by J. Caldwall

新赫布里底群島（萬那杜）

六月，決心號離開賴阿提亞島，再度來到東加，之後繼續往西航行，於 1774 年 7 月 17 日看見陸地。庫克寫道：「想必這就是基羅斯發現的埃斯皮里圖桑托島（Australia Del Espiritu Santo）。」佩德羅・費爾南德斯・德・基羅斯深信能找到南方大陸，1606 年在西班牙國王支持下，率領探險隊探索這個地區。他在位於今日萬那杜的埃斯皮里圖桑托島登陸，並深信這裡是南方大陸的一部分。基羅斯也認為自己身負將基督教傳布給太平洋居民的使命，於是在此地建立了一個名叫新耶路撒冷的聚落，但這個聚落只存在短暫一段時間。1768 年，布干維爾從大溪地返航途中也抵達這個群島。

背頁的海圖顯示決心號探索島群時的航線，庫克把這個島群稱為新赫布里底群島。這段看似混亂

的航線反映了幾個因素，包括風向多變，尋找有飲水的登陸地點，想盡可能測繪島嶼的海岸線。庫克每次試圖登岸時都會引來大批民眾到岸邊。7 月 22 日，庫克一行人登陸馬勒庫拉島（Malakula），但無法深入內陸。他決定離開，利用有月光的夜裡加速航行。8 月 4 日，決心號抵達埃羅曼加島（Erromanga）外海，登陸起初很順利，庫克還贈送禮物，島民也提供他們飲水與椰子。然而，在小艇周圍卻爆發爭鬥，有人開槍，有人丟擲石塊與長矛。在暴力衝突中，至少一名當地人死亡，一名船員受傷。

8 月 5 日晚間，決心號接近坦納島（Tanna），島上有熊熊烈火指引著他們。到了破曉時才看清楚，大火其實是「一座噴發大量火燄與濃煙的火山」。登陸之後，庫克寫道，「大批島民分兩群

聚集起來，一群站在我們右邊，另一群站在我們左邊，所有人都拿著標槍、棍棒、彈弓與弓箭。」這座島分成幾個不同的部族團體，上岸時看到的群體區隔或許反映了這一點。在向長老致贈禮物之後，庫克下令用池塘的水裝滿兩個桶子，以此說明來意。決心號稍微駛近岸邊，一方面為了加速運補木材與飲水，另一方面也是為了安全起見，避免遭到攻擊。

第二天早晨，庫克率領海軍陸戰隊員與船員分三艘小艇登岸，岸上已有一千多人聚集，還是分成兩群人。庫克懷疑這是陷阱，於是示意岸上的人後退並放下武器。當對方不照他的指示做時，庫克下令火槍朝右邊群眾的頭部上方射擊，但這只是讓對方更耀武揚威，「有個傢伙甚至用屁股對著我們，不需要口譯也知道他是什麼意思。」船

上的大砲朝群眾上方發射，「群眾一哄而散，我們登陸後便在左右兩方劃下分隔線。」一位名叫帕奧旺（Paowang）的長老出來擔任中間人，島民這才返回。決心號在坦納島停留了兩星期。威爾斯評論道，這群島民「一般來說非常安靜而和善，他們有什麼都會分給我們，但武器除外，他們不願將武器交給我們，除非是我們自己的武器，我認為這十分合理」。庫克回想自己與手下造訪各地時，在當地民眾面前呈現的模樣：

他們不可能知道我們真正的意圖，我們進入

威廉·哈吉斯
「馬里克洛島」〔Mallicolo，馬勒庫拉島（Malakula）〕，1774 年
大英圖書館，Add MS 15743, f.3

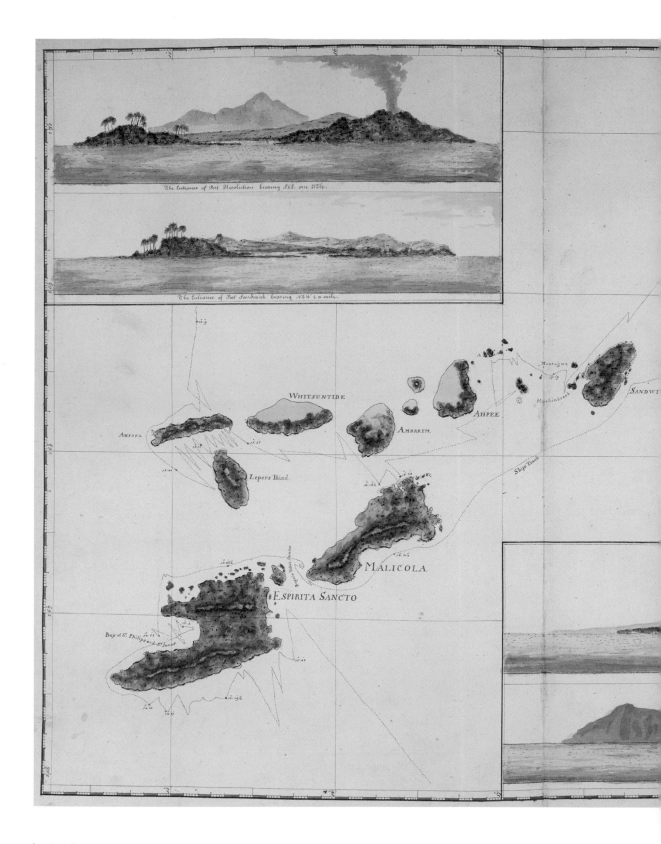

The Entrance of Port Resolution bearing S.E. one Mile.

The Entrance of Port Sandwich bearing N.E.W. ¼ a mile.

WHITSUNTIDE

AMBRRYM.

AHPEE

Montague

Hinchinbrook

SANDWI

Aurora

Lepers Island

MALICOLA.

Bougain Villea Straits.

ESPIRITA SANCTO

Bay of S.t Philip and S.t James

Ships Track

認定為約瑟夫・吉爾伯特（Joseph Gilbert）與約翰・艾略特（John Elliot）
〔萬那杜海圖與四幅側景〕，1774 年
大英圖書館，Add MS 15500, f.17

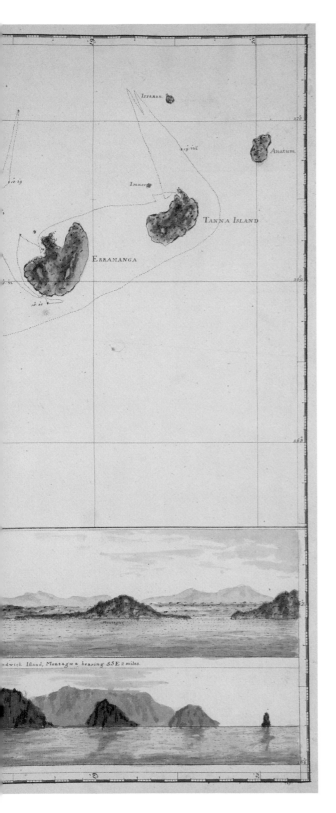

詹姆斯・巴西爾（James Basire）根
據威廉・哈吉斯畫作製作的版畫
「坦納島的婦女」
大英圖書館，Add MS 23920, f.90

他們的港口，他們不敢反抗，我們試圖以和
平方式登陸時，如果成功就沒事，如果失敗，
我們還是會登陸，並堅守我們仰賴火器優
勢占領的立足之地。無論如何，他們第一眼
看到我們時一定認為我們是他們國家的入侵
者；唯有時間與一定程度的熟識才能讓他們
相信他們是錯的。

上面的版畫是根據哈吉斯的肖像畫製作的，那是
島上一名手無寸鐵的婦女揹著小孩。佛斯特寫道：

婦女的裝飾與男人相同，鼻石、耳環、胸前
的貝殼與手鐲……她們的頭覆蓋著大蕉葉或
草蓆籃子編成的帽子。幾乎沒有婦女不戴帽
子，就連年紀很小的女孩也戴帽子。婦女會
用一種袋子把孩子揹在背後，這種袋子是用
前述的植物纖維織成的。

從新喀里多尼亞到紐西蘭

九月初，決心號抵達一座島嶼，庫克為其命名為
新喀里多尼亞（New Caledonia）。就目前所知，決
心號是第一艘造訪該島的歐洲船。威爾斯描述，
當船接近岸邊時，島民划著獨木舟出海，「看起
來非常震驚⋯⋯當我們經過他們時，他們全升起
了帆跟在我們後面，說得誇張點，我們就像一艘
正為商船船隊護航的戰艦。」而當以大溪地的布
做為禮物，從船上垂降到獨木舟時，雙方很快就
建立起友好關係。

哈吉斯這幅全景作品展示的是新喀里多尼亞的船
隻。威爾斯寫道，「他們的獨木舟全是雙重獨木
舟，在兩艘獨木舟上架設一塊非常沉重的平台所
構成，他們可以在平台上設置火爐，而且一般裡
頭都有火持續燃燒⋯⋯與這片海域其他民族不同
的是，他們不使用短槳，而是在平台上打個洞，

將長槳穿入洞中划動使船隻前進。」

決心號離開新喀里多尼亞後返回紐西蘭，途中經
過一座無人島，庫克將其命名為諾福克島（Norfolk
Island）。1774年10月，決心號抵達夏綠蒂王后灣，
幾天後他們才接觸到當地人。雖然這群英國人還
不知道發生了什麼事，但海灣居民顯然害怕自己
將因為冒險號船員的死亡而遭到報復。佛斯特描
述有兩艘獨木舟靠近：「他們揚起帆，但當他們
看到船隻時，馬上把帆收起來，拚了老命把獨木
舟划回岸上。」庫克寫道，這群人「跑進森林與
山裡」，但在重新與他們連繫後，「他們知道是
我們，歡喜之情克服了恐懼，他們急忙跑出森林，
不斷擁抱我們，像瘋子一樣又蹦又跳。」

威廉・哈吉斯
新喀里多尼亞（New Caledonia）的巴拉德港
（BaladeHarbour）一景 ，1774 年
大英圖書館，Add MS 15743, f.10

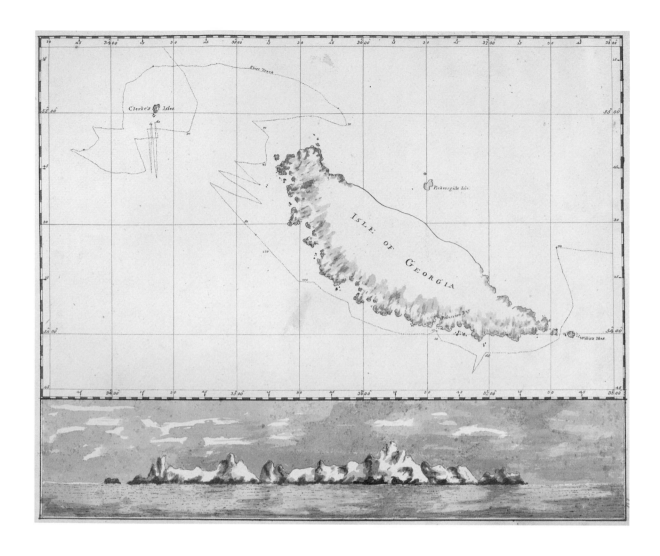

完成對南方海洋的搜尋

1774 年 11 月 10 日，決心號離開夏綠蒂王后灣。庫克往東南航行，想從南緯 54 度到 55 度之間橫越太平洋，「如此便能通過去年夏天未探索的區域」。11 月 28 日，佛斯特寫道：「在強風幫助下，我們以驚人的速度前進。」在橫越太平洋的過程中，沒看到任何陸地。12 月 17 日，火地群島的西岸已在眼前。庫克寫道：「我已探索了南太平洋，我可以滿意地說，沒有人可以認為我還有未曾探索的地方，未來也不可能有任何一次航行能獲得比此次更多的成果。」

三年來，這是首次耶誕節在海灣中度過。庫克在

打下了許多鵝之後寫道：「烤鵝與水煮鵝、鵝肉派，這些都是平日沒吃過的，我們還有些馬德拉酒......在英國的朋友或許不像我們如此熱烈地慶祝耶誕節。」然而，佛斯特埋怨說：「夜晚，我們的船員吵著大家睡不著，為了慶祝耶誕節，他們全喝得爛醉如泥。」

12 月 29 日，決心號繞過合恩角並持續往東進入大西洋，尋找南方大陸的重要支持者亞歷山大・達林普爾在地圖上繪製的海岸線。庫克懷疑海岸線是否真的存在，在探索整個地區之後，當他在記錄「既沒有看到陸地，也沒有任何跡象顯示有

陸地存在」時，心中並未感到不悅。決心號繼續東行，在 1775 年 1 月 15 日看到一座小島。庫克派遣小艇接近岸邊，並形容高聳的懸崖覆蓋著「巨大厚實的冰雪」：

一塊塊冰雪持續斷裂，形成浮冰在海上漂浮。我們在海灣時，正好看到大片冰雪崩落，發出砲聲般的巨響。島嶼內陸的蠻荒與可怕程度也不遑多讓：嶙峋的岩石陡然而上，頂峰直入雲端，山谷裡堆疊著終年不化的冰雪。

前頁
認定為約瑟夫·吉爾伯特與約翰·艾略特所繪
南喬治亞島海圖與側景，1775 年
大英圖書館，Add MS 15500, f.13

上圖
認定為約瑟夫·吉爾伯特與約翰·艾略特所繪
南桑威奇群島（South Sandwich Islands）海圖與側景，1775 年
大英圖書館，Add MS 15500, f.13

船隻繼續往南，決心號抵達一個小島群，其中一座小島以發現的船員姓名命名，稱為弗里斯蘭岩（Freezland Rock）。最南方的島嶼則在佛斯特建議下命名為南圖勒島（Southern Thule），表示它標誌著已知世界的邊緣。

航行中，大家對於冰是在陸地或海上形成有不同的意見，但南喬治亞與南桑威奇群島（South Georgia and the South Sandwich Islands）的發現提供明顯的事證，顯示冰是在陸地上形成。用克萊爾克的話說，「當看到大西洋最南端的陸地，一切一目瞭然。」庫克寫道：

> 我的結論是，我們所看到的，也就是我命名為桑威奇的地方，此地若不是一個島群，就是一塊大陸的尖端。我堅信在南極點附近一定有塊陸地是廣大南方海洋絕大多數浮冰的源頭：我認為這塊陸地或許向北延伸，最遠來到相對於南大西洋與印度洋較北的位置，因為在南大西洋與印度洋的北部總是比其他海域更容易出現浮冰，我想，如果南方沒有陸地，不可能出現這種現象。

庫克認定：「在這片未知且充滿浮冰的洋面探索海岸必須冒非常大的風險，我可以大膽地說，沒有人可以比我更冒險深入，而未來也不可能探索

得到這片可能存在於南方的陸地。」在佛斯特的建議下，哈吉斯在「再現南半球與我們船隻的航線」地圖上增添了「勞動與科學支撐地球」的圖畫。

決心號持續往東橫越大西洋，來到非洲海岸的正南方。庫克寫道：

> 我已完成在高緯度環繞南方海洋的航行任務，我徹底探索這片海域，發現這裡不可能有大陸存在，除非是在南極點附近，也就是船隻無法進入之處……我兩次造訪太平洋熱帶海域，不僅確認一些舊發現之地的位置，也有許多新發現，我相信我已做了徹底探索，這片海域幾乎已無可供探索之處。因此，我對這次航行感到滿意，從各方面來說，此次任務已完全達成。南半球已充分探索，尋找南方大陸的任務可就此告終。

庫克決定航向好望角，他寫道，「我們的船帆與索具嚴重耗損，每小時都有器具不堪使用，我們也沒有備用品可供修理或汰換。」他們抵達好望角後，發現往東環繞世界將使他們「獲得一天的時間」。決心號在當地逗留一個月後，便經由聖赫倫那島（St Helena）、阿森松島（Ascension Island）與亞速群島（Azores）返國。

「南半球海圖，顯示庫克船長指揮
決心號經歷的航線與發現」
大英圖書館，Add MS 31360, f.7

第二次航行：1772-1775

BETWEEN THE VOYAGES (1771-72)
'NOBLE SAVAGES' AND THE NORTHWEST PASSAGE

第二次與第三次航行之間（1774-76）
「高貴的野蠻人」與西北航道

冒險號於 1774 年 7 月返回英國，比決心號早了一年。弗諾從紐西蘭返航的決定意謂著在賴阿提亞島加入航行的瑪伊（歐瑪伊）要繼續留在船上。瑪伊是第一個造訪英國的玻里尼西亞人，他一抵達倫敦，約瑟夫‧班克斯與桑威奇伯爵（Earl of Sandwich）就成了他實際上的監護人。他們兩人知道最近有三名造訪倫敦的因紐特人（Inuit people）死亡，因此特別安排瑪伊接受天花的預防接種。瑪伊在班克斯的倫敦寓所住了一段時間，他接受教育並學習英國社交的方式。班克斯帶他到邱（Kew）觀見王室。他與皇家學會成員一起用餐，而且被帶到劍橋與一群英國重要學者見面。他參加了上議院開議典禮，典禮上喬治三世痛罵叛亂的美洲殖民地人民不忠。

瑪伊在停留英國期間，瑪伊成為簡單與純真生活的象徵，許多人相信這種生活存在於太平洋島嶼。在桑威奇鄉村宅邸的週末派對上，瑪伊以傳統大溪地的方式烹飪羊肉，他把肉包在葉子裡，然後放在地面燒熱的石頭上。約書亞‧雷諾茲為他作畫，畫中的他身穿白袍，背景是夜晚的熱帶島嶼，召喚了純潔與神祕感。在威廉‧帕里（William Parry）的畫中，瑪伊再次穿上飄逸的白袍，旁邊則是班克斯（站立者）與索蘭德（就座者）。芳妮‧伯尼的哥哥詹姆斯是少尉軍官，曾加入冒險號的航行，芳妮形容瑪伊「活潑聰明，爽朗誠實，把每個人都當成朋友與好心人」。

這個時期的倫敦正值消費經濟快速成長的階段。《牛津英語詞典》提到「購物」（to shop）一詞最早出現於 1764 年。奢侈品原本只有富人才能享用，如今人數逐漸增加的中產階級都能購買，約賽亞‧威治伍德（Josiah Wedgwood）的伊楚里亞（Etruria）工廠製作的陶器正是這種現象的縮影。芳妮‧伯尼 1778 年的小說《艾芙莉娜》（Evelina）描述的正是倫敦中產階級的社交生活。與瑪伊一樣，艾芙莉娜初次來到倫敦，就一頭栽進眼花撩亂的社交圈，發現「許多事情不可理喻、令人費解」。她參加「觀光」這個新式活動，包括參觀拉尼勒（Ranelagh）與沃克索（Vauxhall）的休閒花園、機器博物館、拍賣會（破產者的財產在此出售）、劇場與歌劇院。她進入美髮店（「你無法想像我的頭感覺有多奇怪；滿是粉末與黑色別針，頭頂還放著一個大墊子」）與縫紉用品店（「我不該選絲綢的，絲綢的產品這麼多，我不知該選哪一樣，店員每一樣都極力推薦」），標誌著她走入這個世界的開始。

瑪伊的行為有多少是出於「自然」，多少出自班克斯的教導，這點引發諸多討論。賽繆爾‧詹森坦承，「瑪伊的優雅舉止」讓他印象深刻，但他認為這是因為「瑪伊在英國只跟最上等的人來往，因此習得了上流社會的禮節」。有首題名為〈瑪伊致大溪地女王普莉亞的一封具歷史意義的書信〉的匿名詩，作者便嘲弄班克斯，說這首詩就是「你

威廉‧帕里（William Parry）
《歐瑪伊（瑪伊）、約瑟夫‧班克斯爵士與丹尼爾‧
索蘭德》，約 1775-76 年
國家肖像館，倫敦

種下的果」，他說道：「我把原稿留給出版商（仿照吟遊詩人裁相的風格），做為這首詩是瑪伊本人所作之明證。」詩的開頭是這麼寫的：

致偉大的女王！幸福國度的統治者，
瑪伊為您獻上這首短詩；
他，不辭辛勞，遵從命運之神的指示，
在這北方世界四處漂泊；
這是偏見的世界，錯誤主宰的世界，
愚神孕育它，在流俗的講堂上培育它；
這個世界高坐於金光閃閃的馬車上，
被風俗習尚拉著走，因無知而誤入歧途，
這裡的人瘋狂錯亂，他們的追求稀奇古怪，
書蟲埋頭苦幹，創制者醉心空想。

對十八世紀的讀者來說，在大都市文化日漸繁瑣複雜的背景下，「高貴的野蠻人」成了一個強而有力的觀念。外來者，通常是來自陌生文化的人，被形容成天性單純而善良，凸顯出人們眼中現代歐洲生活的造作與腐敗。這種想法與盧梭的觀點特別相關，但其實它在歐洲思想中已有一段漫長的歷史。前面引用的匿名詩對比了英國自由本質中的愛國信念與傳聞中英國在海外的野蠻行徑，

再次以虛構的方式，透過瑪伊的眼睛來描述這個世界：

冷血地預先謀劃
殺害未曾謀面的可憐之人。
既不是藉由傷害，也不是透過疾病，
他們以形式遂行屠殺，以制度進行宰殺；
遠渡重洋，踐踏遙遠的國度，
毀滅成千上萬比他們更值得生存的住民。
我想，你會問，怎樣的驚人財富可以收買
自由的心智加入這可憎的部族？

1775年夏天決心號返回英國時，瑪伊陪同桑威奇、班克斯與桑威奇的情婦瑪莎·雷伊（Martha Ray）到南部海岸的海軍造船廠一遊，包括檢視勝利號（HMS Victory）。此時瑪伊的名氣已開始衰退，他獨自一人在沃里克街（Warwick Street）租屋居住。人們開始擔心他接下來的發展。

霍克斯沃斯的作品造成爭議後，海軍部深知庫克第二次航行結束後也有引發爭端的風險。於是在同意下決定官方敘述分兩冊出版，第一冊是庫克撰寫的事件描述，第二冊是佛斯特記載的科學觀

察。溫莎城堡法政牧師（Canon of Windsor）約翰・道格拉斯（John Douglas）奉命協助庫克進行撰寫的準備工作。庫克也很清楚，當初奮進號返航後在倫敦流傳的那些故事帶有煽情的性質，因此這回他要留意不能為這些描述煽風點火。1776年1月，庫克寫信給道格拉斯：

> 關於我的船員在大溪地與其他地方的風流韻事，我想除非可以藉此說明我們在當地接觸的民族性格與風俗，否則沒有必要提及；即使如此，我也會以最高尚的讀者無從反對的方式來描述。簡言之，我希望這本書不會出現任何傷風敗俗的內容，若你覺得有任何內容不適切，不妨直接刪改。

在第二次航行時，庫克與佛斯特的關係變得不睦，這種情況直到返回倫敦時依然持續著。1776年6月，庫克報告說，佛斯特未出席會議：「我想他會盡快出版，這樣他就會比我搶先一步。他一直偷偷瞞著我……但他傷不了我，我只是為桑威奇伯爵感到遺憾，他煞費苦心幫助這個人，很不值得。」雖然佛斯特因為與海軍部簽約而無法出版自己的作品，但他的兒子喬治還是趕在庫克之前出版了。喬治的作品廣泛批評庫克與其他人在航行期間的行為，包括恣意的暴力與性剝削，喬治也像盧梭一樣抨擊歐洲人在造訪遙遠地區時所造成的衝擊：

> 衷心希望近來歐洲人與南海島嶼原住民的交流，能在文明地區將不幸染上的腐敗風俗傳給這些幸運活在天真與單純的純真民族之前及早中斷。

在這個背景下，一段瑪伊思索英國道德的有趣陳述留了下來。反蓄奴運動人士格蘭維爾・夏普（Granville Sharp）日後回想起與瑪伊的一段對話，他試圖教導瑪伊基督教教義，特別向他介紹一夫一妻制。瑪伊想起了桑威奇伯爵的例子，他對英國性道德的實際狀況感到困惑。他用三支筆向夏普解釋：

> 「這是S爵爺……」（他熟識的一名貴族，他曾與這名貴族的家人生活一段時間）；然後拿了另一支筆，把這支筆放在前一支筆的旁邊說道，「這是W小姐……」（一名在各方面都十分傑出的女性，但對她而言不幸的是，她與那名貴族通姦）；然後他拿了第三支筆，把它放在桌上，但離另外兩支筆有一段距離……他做出悲傷的動作，說道，「這裡是S夫人……夫人哭了！」

桑威奇伯爵是安排庫克第三次航行的關鍵人物。庫克返回倫敦後原本計畫退役，而且接受了格林威治皇家醫院的職位。但桑威卻奇巧妙地安排庫克以顧問名義參與會議，慫恿他自願帶領第三次探險，這次是探索北太平洋和搜尋從北太平洋通往大西洋的航道。為了不讓敵對歐洲強權知道真正目的，這次航行將對外表示是送瑪伊返鄉的人道任務。

十六世紀以來，在大西洋與太平洋之間找到一條可航行的水道一直是英國戰略家的夢想，不僅可以縮短通往太平洋的航程，而且可做為一條不受外國干預的商業路徑。1765年，海軍部派約翰・拜倫率領探險隊前往太平洋搜尋水道。而這個人

也的確夠格當詩人拜倫的祖父，但他居然無視沿著美洲海岸往北航行的命令，逕自往西前往尋找索羅門群島（Solomon Islands）與傳說中的財寶。1773年，在班克斯、巴靈頓與皇家學會的激勵下，海軍部派出賽馬號（HMS Racehorse）與殘骸號（HMS Carcass）前往北極，卻在巴倫支海（Barents Sea）的斯匹茲卑爾根島（Spitsbergen）附近遭遇無法穿越的冰層。

1774年，一本題為《俄羅斯人最近在堪察加與阿納迪爾海域發現的新北方群島紀錄》（*An Account of the New Northern Archipelago, Lately Discovered by the Russians in the Seas of Kamtschatka and Anadir*）的作品在倫敦出版。這是聖彼得堡帝國科學院秘書雅各布·馮·史特林（Jacob von Staehlin）作品的譯本。這本書有張地圖，顯示北太平洋有數量眾多的島群，而且強調當地有進行皮草貿易的潛力。或許是受到這本書的激勵，巴靈頓要求再次探險，尋找從大西洋通往太平洋的航路。1775年，巴靈頓出版了一本篇幅相當長的小冊子，書名為《論抵達北極的可能性》（*The Probability of Reaching the North Pole Discussed*），主張北極海是一片開放的洋面。巴靈頓混合科學、經濟與神學的論點，推斷北極周圍是開放海域，船隻可以安全通過這片世界屋脊。這本小冊子強調發現北方島嶼與大西洋和太平洋之間航道的商業利益：

> 從這些發現所獲得的利益，以及從這些發現所產生的商業，必然擴展到帝國各地。無論這些島上的貧窮住民多麼適合這些事業，也無論這些國家的港口多麼寬敞，而可以裝備並容納航行船隻，但這些商品、製造業等都必須由大英帝國各地供應，當然大英帝國也將取得全世界的利益。

這段文字出自新科技過程開始改變英國工業性質的時期。1775年，馬修·博爾頓（Matthew Boulton）與詹姆斯·瓦特（James Watt）合夥，博爾頓在伯明罕工廠的量產方法與瓦特更有效率的蒸汽機革命新設計因此結合。往後數十年，驅動機器蒸汽力的使用，將導致生產方法的巨大變化，並開啟大規模貿易的可能，這是之前的世代無法想像的。亞當·斯密（Adam Smith）出版於1776年3月的作品《國富論》（*An Inquiry into the Nature and Cause of the Wealth of Nations*）主張自由貿易的利益。對斯密來說，自由貿易促使「知識與各種改良的相互交流，而國與國之間的廣泛貿易，自然而然地，或者應該說必然導致這樣的結果」。斯密認為分工產生規模經濟，這是現代產業的關鍵發展。

1776年7月，庫克離開英國進行第三次航行，他的任務是探索與測繪北太平洋海岸，這是歐洲地圖上僅剩一處需要測量與繪製有人居住的主要海岸地區。如果庫克航行的象徵意義是世界地圖至此終於接近完成——至少大致輪廓是如此——那麼瓦特蒸汽機的研發與《國富論》的出版或許同樣能象徵性地代表全球化的開始。

小約翰・克里夫利
《賽馬號與殘骸號在斯匹茲卑爾根島附近受困於浮冰之中》，1773 年
出自巴塞爾・魯伯克（Basil Lubbock），《舊時代藝術作品裡的海上冒險》
（*Adventures by sea from art of old time, 1925*）
大英圖書館，7854.v.21

Weather and Remarkable

o that we began to think th
bout a ½ past 11 o'Clock w
Noon we were by observa
and are undoubtedly tho f
ine. We now saw severa
which we have named Ar
ration of that Region; t
ember than of late and sor
onstant companions tha
ut the common Pintado
therSorts which are Comm

THE THIRD VOYAGE : 1776-80

第三次航行：1776-1780

指令
THE INSTRUCTIONS

庫克第三次航行的目標與前兩次航行一樣充滿企圖心。海軍部指令規定庫克要經由大溪地航向北美洲（英國人稱為新阿爾比恩）西岸，在北緯65度以北的位置「探索可能擁有一定長度且通往哈得遜灣或巴芬灣（Baffin Bay）的河流或水灣」。海軍部知道往南的海岸線是西班牙的領土，因此指示庫克「要非常謹慎，不要讓原住民或天主教陛下的臣民感到憤怒或被冒犯」。

如果庫克未能找到水道，他可以在堪察加半島的俄羅斯港口彼得羅巴甫洛夫斯克（Petropavlovsk）過冬，「或者自行選擇更適合的地方」。隔年春天，庫克要從「過冬的地方盡可能往北航行，在謹慎判斷下採取適合的做法，進一步搜尋東北或西北水道，從太平洋進入大西洋或北海。」有一些指令與之前的航行類似，例如測量陌生的土地，與接觸的民族建立關係，並且視情況將有人與無人居住的土地收歸英國國王所有。庫克拿了一本北美洲東岸編纂的因紐特語詞典，如果西岸的原住民也說一樣的語言就可以派上用場。

庫克指揮決心號，而曾參與奮進號航行的約翰·戈爾被授銜為一級上尉。日後因擔任賞金號（Bounty）船長而聞名的威廉·布萊（William Bligh）擔任航海長。第二艘船是發現號，同樣也是惠特比運煤船，船長是查爾斯·克萊爾克。曾參與冒險號出航的詹姆斯·伯尼是一級上尉，日後測繪加拿大大部分西岸地區的喬治·溫哥華（George Vancouver）是其中一位少尉見習官。或許因為佛斯特父子造成許多爭議，這次航行並未招募行為高調的民間科學家。邱園員工大衛·尼爾森（David Nelson）奉命負責採集植物樣本。威廉·貝利被任命為決心號的天文學家，另外船醫威廉·安德森（William Anderson）與少尉詹姆斯·金恩（James King）也受過一點科學訓練。

前兩次航行，庫克試圖將歐洲的作物與牲畜移植與移居到造訪的地方。這是為了提供未來探險時需要的補給品，此外也為了更高尚的目的，讓太平洋地區也能分享英國農業的好處。這次航行在瑪伊造訪英國產生的熱情支持下，設定的目標更加遠大。6月10日，決心號「載運了一頭公牛、兩頭母牛與牠們所生的幾頭牛犢及一些綿羊前往大溪地，此外還載運了一定數量的乾草與穀物做為牠們的飼料。這些牲口依照國王陛下的命令運上船，費用也由國王陛下負擔。」他們之後又在開普敦買了更多牛馬等牲口運上船。

1776年7月12日，離上次決心號啟程尋找南方大陸幾乎剛滿四年，這回決心號將啟程尋找西北航道。由於分神處理出版期限以及佛斯特父子的爭議，庫克無法像前兩次一樣仔細監督船隻的修繕工作。有些地方修理時使用了腐爛的木頭，填隙防水的工作也做得不確實。庫克離開英國後才發現船隻狀況不佳。雪上加霜的是，克萊爾克在預定出發前不久，因為幫自己的兄弟擔保而入獄。發現號因此等到他出獄後才出發，然後終於在開普敦趕上決心號。克萊爾克在獄中感染了結核病，之後因病去世。

納瑟尼爾・丹斯－霍蘭德（Nathaniel Dance-Holland）
《查爾斯・克萊爾克》，1776 年
總督府，威靈頓，紐西蘭

約翰·莫提特（Johann Mottet）根據袖珍肖像繪製的帆布油畫
《約翰·韋博肖像》（Portrait of John Webber），1812 年
伯恩歷史博物館，伯恩

約翰・韋博

約翰・韋博（John Webber，1751-1793 年）被海軍部雇用成為探險隊畫家。他是亞伯拉罕・韋博（Abraham Wäber）與瑪麗・昆特（Mary Quant）的兒子，亞伯拉罕是伯恩的雕刻家，於 1740 年代移民英國，瑪麗是倫敦人。1757 年韋博與住在伯恩的姑姑一起生活，1767 年他成為瑞士地景畫家約翰・路德維希・阿伯利（Johann Ludwig Aberli）的學徒。1770 年韋博到巴黎學畫，培養了風景繪畫的技巧。1775 年韋博回到倫敦就讀皇家藝術學院（Royal Academy Schools），一年後，他展出了三幅作品。這些畫引起丹尼爾・索蘭德的注意，他向海軍部推薦韋博擔任庫克第三次航行的畫家。

韋博接到指示，「在航行過程中，你要繪製你所造訪國家的每個地方，這些素描與繪畫將比光用文字描述更能完美表達當地的一切。」韋博與庫克密切合作記錄這次航行，他的許多畫作都能與庫克日誌的記載相互呼應。韋博日後又被海軍部指定製作版畫，與這次航行的記錄搭配出版。韋博這次航行從事的工作為他日後的許多事業奠下基礎。他出版了許多以太平洋風景為主題的印刷品、細點腐蝕畫與蝕刻畫，並在歐洲以風景畫家的身分繼續作畫。

開普敦到社會群島
CAPE TOWN TO THE SOCIETY ISLANDS

導言

1776 年 10 月，決心號與發現號離開開普敦。他們起初往南尋找法國探險家伊夫－約瑟夫・德・凱爾蓋朗－特雷馬克（Yves-Joseph de Kerguelen-Trémarec）發現的島群，海軍部指示庫克要確認島群的位置。在短暫登陸主島後——由於島上一片荒涼，因此庫克將這座島命名為荒蕪島（Island of Desolation）——船隊航向東北，朝紐西蘭前進，途中在塔斯馬尼亞南岸的冒險灣（Adventure Bay）短暫停留。弗諾在第二次航行時曾登陸此地，且調查了北岸，但他誤以為塔斯馬尼亞與大陸相連。庫克似乎也同意這個看法：「毋需多說，想必這就是新荷蘭（New Holland）的南端，如果這不是大陸，那麼將會是世界上數一數二的大島。」

1777 年 2 月，船隊抵達紐西蘭夏綠蒂王后灣。副船醫大衛・山姆威爾（David Samwell）形容，船隻成了「第二艘諾亞方舟，從船裡湧出馬、牛、綿羊與山羊，還有孔雀、火雞、鵝與鴨，讓從未看過馬或長了角的牛的紐西蘭人大吃一驚。」在短暫停留進行補給期間，庫克調查了 1773 年發生的冒險號船員死亡事件，之後船隻往北航行。在瑪伊要求下，兩名毛利青年特・威赫魯瓦（TeWeherua）與科阿（Koa）加入航行。庫克原想直接航向大溪地，但途中遭遇逆風，於是轉往東加。

三月，船隊抵達先前從未探索過的曼加伊亞島（Mangaia）與阿提烏島（Atiu），今日這兩座島嶼屬於庫克群島（Cook Islands）的一部分。庫克也在赫維群島（Hervey Islands）與巴麥尊島（Palmerston Island）停留以補充糧食。船隊在東加停留三個月，從 1777 年 5 月到 7 月，他們也造訪了一些島嶼，

約翰・韋博
「垂蜜鳥」，1777 年
大英圖書館，Add MS 17277, no.9

包括諾穆卡島（Nomuka）、利富卡島（Lifuka）、東加塔普島與埃瓦島。在埃瓦島，庫克送了一隻公羊與兩隻母羊給泰歐尼，這位酋長曾在庫克第二次航行時招待過他。庫克爬上山丘，俯瞰腳下這座小島：「想到未來的航海家可能從我站的這裡看到底下綠草如茵，到處都是英國人帶來這些島嶼的牛群，不禁讓人沾沾自喜。」離開前，庫克在島上種了鳳梨，而且「晚餐吃了一盤蕪菁，是我上次航行留下來的種子所生的」。

8 月 12 日，船隊在大溪地瓦特皮哈灣下錨。獨木舟前來貿易，並帶來維希亞圖瓦與普莉亞都已去世的消息。自從庫克上次造訪後，西班牙人也來到此地，他們留下兩名教士在島上傳教，但不到一年就放棄了。他們在島上留下豬、山羊、狗與一頭公牛，庫克形容這些牲畜長得「很好」。安德森提到，西班牙人自稱他們「比至今為止造訪大溪地的歐洲人都更優越。根據原住民的說法，

約翰・韋博
大溪地景色，
1777 年
大英圖書館，
Add MS 15513,
f.13

西班牙人認為首次發現且經常造訪大溪地的英國人，權力與地位遠不如他們。」西班牙人在傳教地點立了十字架，而且刻了公告，宣稱他們擁有這座島。庫克把公告改成英國人擁有這座島。

船隊繼續前往瑪塔維灣，與圖烏和托歐法加強關係。庫克帶了家禽上岸，包括貝斯波洛勳爵（Lord Bessborough）送他的一隻孔雀與母雞，此外還有牛、馬與綿羊。庫克寫道：

> 我卸下了重擔，為了運送這些動物來到這麼遙遠的地方，箇中麻煩與苦惱是難以想像的。但我很幸運能實現陛下的意旨，把這些有用的牲畜交給兩個值得獲得這些物品的民族，我感到心滿意足，也充分補償為運送牠們而經歷的許多焦慮時刻。

許多評論者同意，在第三次航行時，庫克的行為變得比較乖僻，對竊盜的處分也更嚴厲。在東加，他因為竊盜而下令鞭打一名酋長，停留社會群島期間發生了一些事，包括因為山羊被偷而焚燒茉莉亞島的房屋與獨木舟。雖然庫克未在日誌裡提到這件事，但金恩提到，有一名男子搭船從茉莉亞島到胡阿希內島，被人發現偷竊，「船長在盛怒下，命令理髮師剃光他的頭髮，割下他的耳朵⋯⋯這傢伙很幸運，一名軍官看到了，上前阻止理髮師，他相信船長只是一時憤怒，他要理髮師再去請示一次。」庫克收回命令，「那個人獲得釋放，只被割了一耳的耳垂。」

在胡阿希內島，一架六分儀被偷，在瑪伊的協助下抓到了竊賊。庫克在日誌裡寫道，我下令懲處，「這是我對任何人做過最嚴厲的懲罰」，但他沒有說清楚到底是什麼懲罰。克萊爾克寫道：「這個人在船上的時候，表現出來的粗魯無禮與膽大妄為是我平生未見；這使得庫克決心拿他殺雞儆猴，結果他被割去雙耳，然後送回岸上」。

這一連串事件引發激烈的歷史爭論，庫克在第二次與第三次航行間是否曾經歷人格上的變化。有些人認為庫克是因為染病而變得易怒，有些人則指出，庫克在前兩次航行時就已出現對竊賊施以鞭刑與要求人質的威嚇行為，而他在第三次航行的做法不過是前兩次的延伸。

約翰・韋博
「耶誕節港一景」，1776 年
大英圖書館，Add MS 15513, f.3

「耶誕節港一景」

船隊在經過克萊爾克形容的「煩悶而危險」的繞道後，抵達凱爾蓋朗群島（Kerguelen Islands），1776 年耶誕節庫克一行人登陸主島。庫克寫道，「大量溪水沖刷出許多溝壑，但我看不到任何樹木或矮樹叢。」

約翰・韋博的水彩畫描繪了「耶誕節港」（Christmas Harbour），以及在此停泊的決心號與發現號。一群企鵝在岸上看著造訪者，一隻海豹在海灘上睡覺。庫克寫道：「我發現岸上隨處可見企鵝、其他鳥類與海豹，雖然數量不多，但牠們不畏懼人類，我們想殺多少就殺多少，用牠們身上的脂肪來製作燈油或做其他用途。」

12 月 27 日，庫克讓船員放一天假，做為耶誕節未能休息的補償，許多人在島上探索，「發現這座島極其貧瘠荒涼」。一名船員返回船上時帶了在島上發現的瓶子，瓶中裝了信息，是 1772 年凱爾蓋朗的船抵達此地時留下的。儘管有明顯證據顯示法國人比他更早登陸這座島，庫克還是「展示了英國國旗，並將這個港灣命名為耶誕節港，因為我們是在這個節日進入這個港灣」。安德森描述「這麼做不僅違反國際法，而且從自然法的角度認真來看也有違公義且荒謬，或許我們更應該產生的反應是啞然失笑，而非憤怒。」

最後一次造訪紐西蘭

這幅水彩畫描繪紐西蘭夏綠蒂王后灣的防禦聚落，或者稱之為「帕」（Pā，即圖片文字中的希帕）。1777 年 2 月，船隊抵達此地，許多上次造訪時結識的人都不願上船，因為他們害怕庫克會為 1773 年冒險號船員死亡事件展開報復。1772 年 7 月，法國探險家瑪里翁・杜・弗瑞努（Marion du Fresne）與 24 名船員在島嶼灣與當地住民爭吵而遭到殺害。英國人無疑知道此事，雖然事件發生地點在北方幾百英里處，但夏綠蒂王后灣的原住民很可能聽聞法國人報復的消息，包括燒掉一座村子與殺死了約 250 人。因此雙方的關係變得十分緊張。副作用是許多船員現在已經不敢跟當地女子上床。

2 月 16 日，庫克、克萊爾克、瑪伊與幾名船員前往「青草灣」（Grass Cove），也就是當初衝突發生的地方。庫克要瑪伊從一個他稱為佩德羅（Pedro）的「老朋友」身上問出當初在這個小海灣到底發生了什麼事：

> 他們告訴我們，我們的人與幾個原住民一起用餐時，其中一些原住民偷了或搶了一些麵包與魚，這些原住民因此被痛打一頓。原住民心有不甘，於是引發爭執。過程中靠著僅有的兩支火槍打死兩名原住民，但還來不及開第三槍或裝填子彈，我們的人就全被抓住而且頭部遭到敲擊。

卡胡拉（Kahura）是那提・庫伊亞（Ngāti Kuia）與蘭吉塔尼（Rangitāne）酋長，據此區的居民表示，他應該為此事負責。這起攻擊是否出於預謀，似乎是庫克評估這場殺戮的重點。他在青草灣時寫

約翰・韋博
「卡胡拉肖像」，1777 年
新南威爾斯州立圖書館

道：「面對卡胡拉最大的仇敵，那些花最多力氣懇求他進行破壞的人坦承，在實際發生爭執之前，卡胡拉無意與人爭吵，更不可能殺人。」卡胡拉曾三次造訪登陸地點，用庫克的話說，他「毫無懼意」。第三次造訪時，庫克邀請他上船，之後他簡述卡胡拉對整起暴力事件起因的描述，並對這則故事做出自己的詮釋：

他們拿出一把石製短柄小斧給其中一人，但他（船員）留下小斧，卻未拿東西交換，因此他們在用餐時從船員手中搶走了一些麵包。他對這起不幸事件的剩餘描述與我們先前從其他人口中聽到的差異不大，但小斧的故事顯然是卡胡拉編造的，目的是為了把先挑釁的錯推給英國人。

卡胡拉就是在庫克的船艙裡提出繪製肖像的要求，於是韋博為他畫了這幅鋼筆淡彩畫。庫克決定不對卡胡拉採取行動，而造成底下的軍官分裂，許多手下對此忿忿不平。山姆威爾記錄：

對於這起不幸事件，我們出現不同的聲音，有些人認為，整起事件應該歸咎於紐西蘭人，是他們預謀殺害我們的人，他們先安排一個人偷東西，藉此挑起事端；另一些人傾向於認為這只是一場意外，紐西蘭人在氣憤之下對族人的死進行報復。

利富卡島的娛樂活動

庫克在東加停留近三個月，這段期間有名地位較高的酋長菲納烏（Finau）一直陪著庫克，菲納烏從東加塔普島來到諾穆卡島，並與庫克一起造訪其他島嶼。雖然英國人把菲納烏當成國王，但事實上他是圖伊‧卡諾科波魯（Tu'iKanokopolu），屬於東加統治階層的一員。

韋博的水彩畫顯示，「庫克船長抵達之後，島民接待、娛樂並以島上產物製作禮物獻給庫克船長。」這裡描繪的是 1777 年 5 月庫克在哈派群島（Ha'apai）的利富卡島接受款待的景象。畫的中央有一座頂篷，篷子底下的人物應為菲納烏，坐在他旁邊的其中一人可能是庫克。圍觀群眾繞成一圈，想參與單人格鬥就到圈子中央，「如果挑戰被接受——通常都會接受——那麼參與者就要打起精神戰鬥，直到有人認輸或武器損壞為止。」其他人則是打拳擊，「跟英國人打拳擊的方法沒什麼差別。不過最讓我們驚訝的是，我們看到兩名健壯的女子走上前來，完全沒有任何儀式就直接開始搏鬥，架勢一點也不輸給男人。」

幾天後，5 月 20 日，英國人施放煙火、演奏音樂，並由海軍陸戰隊進行軍事操演。安德森寫道：

> 他們看到煙火與各種活動，感到十分開心，雖然我們的士兵訓練稱不上精良。輪到他們時，他們表演舞蹈與操練棍棒，我們必須承認，無論在精確與純熟度上，他們都遠比我們傑出。

庫克描述煙火表演的效果，「空中與水上的煙火讓他們又驚又喜，我們的演出大受歡迎。」

約翰・韋博
利富卡島舉辦娛樂活動接待庫克船長，1777 年
大英圖書館，Add MS 15513, f.8

東加塔普島的儀式

第三次航行時，庫克出現的變化是他開始積極記錄造訪地住民的社會、文化與信仰，這些在前兩次航行時原是班克斯或佛斯特負責的工作。他在日誌裡極其詳細地記錄儀式與風俗，顯然是為了返國後出版。1777 年 7 月 9 日，在東加塔普島上，他在未獲邀請下參加了一項儀式，安德森記錄這場儀式的名稱是「納徹」（Natche，一般認為是「伊納西」inasi 儀式的一種）。庫克形容，這是「一場宣誓效忠或神聖承諾的儀式，使王子成為他父親帕烏拉霍（Paulaho）的繼承人」，帕烏拉霍是圖伊・東加（Tu'i Tonga），也就是東加塔普島地位顯赫的酋長。

在東加人不斷請求下，庫克同意「裸露肩膀」並放下頭髮。他描述「如果我能獲准使用我的眼睛，我也許能看清楚發生的一切，但我必須坐下來、眼睛朝下，像個端莊的女僕。」籃子交給了大祭司。「他兩手各拿一只籃子，做了簡短演說或祈禱後，他把籃子放下，然後再拿起其他籃子，把先前的話再說一遍。」之後，「指令下來，我們全部起身，往左跑了幾步，坐下來背對王子」，有人向王子獻上一塊烤地瓜。男人們魚貫而入：

肩上扛著大木棍或竿子，發出類似歌聲的噪

薩繆爾‧米迪曼（S. Middiman）與霍爾根據約翰‧韋博的畫作製作的版畫
「納徹，東加塔普島榮耀國王之子的儀式」，日期不詳
另外刊載於庫克與金恩的《太平洋航行記》（*A Voyage to the Pacific Ocean*），1784年，第一冊，頁337，圖22。
大英圖書館，Add MS 23920, f.100

音，他們進來的時候揮舞著雙手。他們一走到接近我們的位置就開始加快步伐，但並未向前推進一步；不久，群眾裡走出三到四人，手裡拿著大木棍跑向新來者，新來者立刻扔掉肩上的竿子跑掉，其他人則拿起這些竿子，不留情面地打向那些人，然後返回自己的位置。

之後則是拳擊與角力比試，儀式最後由酋長的兒子發表演說。

庫克底下有些軍官不同意他參與這類儀式。威廉森（Williamson）記錄：

我們待在外面的人，驚訝地看著庫克船長參與酋長的行列，他放下頭髮，身體裸露到腰際，參與的人腰部以上不准覆蓋衣物，也不許綁頭髮；我不會自命清高地爭論庫克船長的行為是否得體，但我不得不認為他這麼做是自貶身價。

大溪地與茉莉亞島

1777 年 8 月，船隊抵達大溪地，島上正為了茉莉亞島的酋長繼承問題備戰。庫克被要求加入攻擊，但庫克拒絕了：「我不清楚這場爭端的內容，而且艾米歐（Eimeo）的民眾與我無冤無仇，我不會參與這件事。」他提到，托歐法「覺得很奇怪，我一直宣稱是他們的朋友，此時卻不願一同對抗敵人」。

9 月 1 日舉行人祭，祈求戰神歐若的幫助。這種祭典在遭遇戰爭或災難時相當常見。祭品通常來自戰俘、冒犯酋長的人或貧窮階級。儀式之前，犧牲者往往遭到埋伏襲擊，後腦勺被重擊而死。得知犧牲者早在儀式前就已遭到殺害，庫克於是要求觀禮，並在韋博、安德森與瑪伊陪同下一起前往。在韋博的畫中，庫克站在右方那群人的中間。站在庫克右邊的大概是圖烏。庫克描述如下：

祭品現在被抬到先前提過的小瑪拉埃底部，擺在地上，頭部朝著瑪拉埃……一捆捆的布匹放在瑪拉埃上，幾簇紅羽毛插在祭品腳上，旁邊圍著祭司，我們現在可以任意靠近觀看。大祭司念了一段禱詞，然後對著祭品〔他們認為神靈伊圖阿（Eatua）會附在死人身上〕念另一段禱詞，懇求毀滅他們的敵人，大祭司會把敵人的名字複述幾遍。

庫克又說：「我們在這場祭典並未看到什麼罕見的東西，充當祭品的死者埋在正對著瑪拉埃的位置，這裡也放著 49 個頭骨……我在其他的大瑪拉埃也看過許多頭骨。當他解釋自己對這項風俗的嫌惡時，瑪伊也加入了，他對托歐法說，如果他在英國做這種事，他會被絞死。庫克寫道，托歐法大聲說，「可恥，可恥……就讓他瞧不起我們的風俗吧，反正他們的風俗我們也看不上眼。」

他也提到托歐法的僕人「似乎專注聽著，或許他們的意見與主人不同」。

離開大溪地後，決心號與發現號來到茉莉亞島。他們停留期間，兩隻放到岸上吃草的山羊不見了。庫克寫道，「這原是件小事，但卻破壞了我在其他島上培育這些牲畜的計畫。」有一隻羊歸還了，但另一隻羊卻沒有歸還，而且還是隻「懷孕的母羊」。瑪伊與當地兩名夥伴建議庫克「帶一群人過去，見人就殺」。庫克沒有採納這個建議，但他穿過整座島，把沿途經過的房舍與獨木舟全燒了。破壞行動持續了兩天，直到山羊歸還為止。

韋博畫作的恬靜景色與英國人在島上的破壞大異其趣。庫克的手下對於這項行動的看法兩極。金恩認為：

無論想拿回區區一隻山羊或以儆效尤、避免再發生竊盜事件，採取破壞較少的做法也能達到目的；我懷疑為了少數人的罪行懲罰這麼多無辜民眾，這樣的財產觀念是否符合人們心中的正義原則？

與此相反的是，山姆威爾覺得庫克的行為合情合理：「沒有人願意看到這種事發生，酋長雖然遭受損失與損害，但過程中沒有任何印第安人受傷，酋長完全是自作自受，如果他能下令阻止竊盜並在第一時間歸還山羊，事情也不致如此。」

雖然庫克採取行動的直接原因是山羊被偷，但有些史家認為，庫克的反應如此激烈，可能與他跟圖伊及托歐法的交情有關，這兩人與茉莉亞島是敵對關係。

瑪伊返鄉

這幅畫略帶想像地描繪瑪伊返回大溪地的情景，它出自 1781 年出版的《發現號》，約翰·里克曼（John Rickman）少尉記述這次航行的作品。畫中顯示，瑪伊騎著馬，身穿全套甲冑，拿著手槍對空鳴槍。在他身旁的是庫克，他也騎在馬上。根據里克曼的說法：

庫克船長與瑪伊騎馬前行，居民大吃一驚，數百人跟在他們後頭歡呼。瑪伊尤其讓大家欣喜若狂，他全身甲冑騎在馬上，手持寶劍與長矛，就像殺死惡龍的聖喬治，事實上，他在這裡就代表聖喬治；只有瑪伊配戴槍與槍套，可憐的聖人不知道如何使用這種東西⋯⋯當群眾開始大聲喧嘩、場面失控時，他就對空鳴槍，這往往能讓他們驚惶逃跑。

事實上，瑪伊返鄉不如英國人預料的那樣受到注意，他也很少成為民眾目光的焦點。桑威奇伯爵送瑪伊全套甲冑做為禮物，他曾穿過幾次。庫克提到，瑪伊穿著盔甲在海灣划獨木舟：「每個人都看到了，但大家不像原先所想的那麼注意他。」

庫克原本希望將瑪伊安頓在瑪塔維灣交由圖烏保護。然而，他注意到瑪伊與圖烏以及其他地位較高的人相當疏遠，於是決定將他送往其他島嶼。

瑪伊的家鄉賴阿提亞島依然在波拉波拉島的控制之下。庫克認為瑪伊應該住在胡阿希內島，該島的大酋長特·里伊塔利亞（TeRi'itaria）同意庫克的要求，給予瑪伊土地。韋博這幅水彩畫（對頁）畫的是法瑞港（Fare），瑪伊的房子是用茉莉亞島摧毀的獨木舟木板搭建。菜園裡種了蔬菜，瑪伊也獲贈了包括馬匹在內的牲畜。庫克描述他們把在倫敦買來的消費品與珍奇物品搬進屋子：

在眾多無用之物中有個玩具盒，可以在大家面前展示，逗觀賞者開心；但他的罐子、水壺、盤子、盆、水杯、玻璃杯等，根本沒有人感興趣。瑪伊自己也發現這些東西對他根本沒有用處，烤豬肉比水煮豬肉好吃多了，大蕉葉做的盤子跟白鑞製成的盤子一樣好用，椰子殼做的杯子跟革製杯子沒什麼不同。

庫克又說，「想到我們一離開，他會馬上失去得到的一切。」因此，「我公開表明，跟過去一樣，隔一段時間我會再回到這座島，屆時如果發現瑪伊的生活有什麼改變，我會向他的敵人報復。」11月1日，決心號出發。瑪伊在船上留到最後一刻，「金恩先生在小艇上，他告訴我，瑪伊一路哭著上岸。」特·威赫魯瓦與科阿這兩名與瑪伊

一起旅行的毛利青年也留在島上。

1789年，布萊以賞金號船長的身分返回社會群島時，他問起瑪伊的事，他在日誌裡記下了這段話：

在我們離開30個月後，瑪伊去世了，特·威赫魯瓦與科阿比瑪伊更早過世，他們三人都是自然死亡。所有動物都不見了，只剩一匹母馬⋯⋯他說的房子已經被拆，建材全被偷了歐蒂迪（即希提希提）說房子遭到燒毀，而瑪伊的手槍則在賴阿提亞島⋯⋯他告訴我，他常與瑪伊一起騎馬，他提到，瑪伊總是穿著馬靴騎馬，顯然在我們離開後，他並未立刻把英國人拋諸腦後。瑪伊經常騎馬的一項明證，是幾個人在他們的腿上刺了一名男子騎在馬上的圖案。

庫克首次造訪夏威夷
COOK'S FIRST VISIT TO HAWAI'I

船隊離開胡阿希內島後向北航行，1778 年 1 月 18 日，他們看到一座島嶼。這是歐胡島（Oahu），夏威夷群島西部的一座島嶼。接下來，很快又看到群島中另一座考艾島（Kauai），第二天，第三座島嶼尼豪島（Niihau）映入眼簾。一般相信，決心號與發現號是最早造訪夏威夷的歐洲船隻。當一些島民上船時，庫克寫道：

> 我從未見過印第安人上船後，面露如此驚訝的表情，他們的眼睛不斷在物品間來回穿梭，慌亂的神色與舉止充分表達了眼前事物帶給他們的驚奇與震撼，也顯示出他們從未上過這樣的船。

船隊在考艾島的威梅亞灣（Waimea Bay）下錨，1 月 20 日，一支小隊上岸。數百人聚集在沙灘上。庫克寫道：「我一跳上岸，他們全俯臥在地，而且維持這個謙卑動作直到我做手勢要他們起身為止。」第二天，庫克與安德森、韋博前往內陸：「我們的嚮導告訴大家我們來了，我們遇見的每個人都俯臥在地，而且一直維持同樣的姿勢直到我們通過。我事後才知道，這是他們對大酋長行禮的動作。」庫克的說法耐人尋味，他最後一次造訪夏威夷時之所以引發爭議，便是因為夏威夷人把他當成當地神祇樓諾（Lono），而不是大酋長。

在這幅水彩畫中，韋博描繪英國人造訪威梅亞村

約翰・韋博
「考艾島（Atooi）的威梅亞（Waimea）
內陸風景」，1778 年
大英圖書館，Add MS 15513, f.29

（Waimea）的景象。在前景部分，船員與當地人
以物易物交換糧食與布匹。一桶桶的水滾動著運
上船，兩個人扛著一頭綁在木柱上的豬。有名夏
威夷人背對著看畫者，他穿戴著紅黃羽飾的頭盔
與斗篷，顯示他的地位不凡。庫克在日誌裡描述
這個場景：

> 我們剛上岸，居民就拿豬與馬鈴薯跟我們交
> 換釘子、鑿子這類鐵器。我們在取得飲水方
> 面非但沒有遇到困難，反而獲得原住民的幫
> 助，他們協助我們的人把一桶桶水從池塘運
> 上船。

「玻里尼西亞大三角」

夏威夷構成「玻里尼西亞大三角」的北角,探險
隊抵達夏威夷,意謂著庫克已完整回溯玻里尼西
亞人遷徙定居的幾次重要航行。夏威夷人的語言
與大溪地人、紐西蘭人、復活節島居民非常類似,
顯示早期島嶼間的遷徙範圍之廣。庫克寫道:

> 我們該如何解釋這個民族可以在如此廣大的
> 海洋開枝散葉?我們在南方的紐西蘭、北方
> 的夏威夷、東方的復活節島與西方的新赫布
> 里底群島發現他們……他們散布有多廣,我
> 們不得而知,但應該可以斷定他們往西遷徙
> 的範圍應該超出新赫布里底群島之外。

韋博的畫(上圖)顯示,他與庫克、安德森造訪

時看到的祭祀場所黑奧(heiau)。庫克寫道,黑
奧「各方面都很類似大溪地的瑪拉埃」。

他們稱這座金字塔為「赫那納諾」(Henananoo),
其佇立於黑奧的一端,底部是四英尺見方,約 20
英尺高,四周以小型的枝條搭建而成;金字塔採
開放式,內部中空,從底部到頂部均無遮蓋。塔
身有些地方覆蓋著非常薄的淺灰色布塊,顯然具
有宗教與儀式的神聖目的,當地人除了在這座瑪
拉埃使用大量這類布塊,當我首次上岸時,他們
也硬要將這些布塊蓋在我身上。在靠近金字塔的
四周,豎立著幾塊粗略雕刻的木板,幾乎與大溪
地的瑪拉埃一模一樣。

前頁
約翰‧韋博
威梅亞的「黑奧」（heiau），1778 年
大英圖書館，Add MS 15513, f.27

約翰‧韋博
「以柳條編成而且覆蓋紅羽毛的偶像」，1778 年
大英圖書館，Add MS 15514, f.27

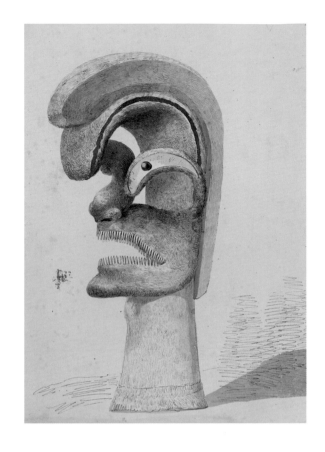

性病

庫克在三次航行中一直努力防止船員散布性病。在夏威夷時，由於他的船隊顯然是第一個造訪此地的歐洲船，所以他特別留意避免性病散布到島上。庫克寫道：「我下令，無論在什麼狀況下，婦女都不許上船，我也禁止船員與島上女性接觸，並囑咐凡是罹患性病的人都不許下船。」庫克又說：

> 這跟我首次造訪友誼群島的做法一樣，但我事後發現這種做法並不成功，我很擔心一有機會靠岸就會發生這種事；男女性交的機會與誘惑多到防不勝防。

庫克評估醫學知識的現況後寫道，「我也懷疑，現今最進步的醫學是否診斷得出罹患性病的人已經治癒，而不至於傳染給別人」：

一群人當中總有人隱匿病情，總有人不在意自己會不會把病傳染給別人，我們在東加塔普島就發現這樣的人，他是發現號的砲手，一直待在岸上為克萊爾克船長進行交易。他明知自己染上性病，還是到處跟不同的女人上床，這些女人都未得過性病；他的夥伴勸告他，他卻置之不理；直到克萊爾克船長發現這件事，才命令他回到船上。

同年稍晚，庫克抵達夏威夷群島的東部島嶼時，再度重申限制交易與禁止婦女上船。然而，庫克很快就發現這裡的民眾「與背風群島（指考艾島、尼豪島）的民眾屬於同一民族，如果我們沒弄錯的話，他們應該知道我們曾經在背風群島上岸。事實上，這裡的民眾顯然從背風群島的民眾那裡感染了性病，除此之外我實在不知道是誰傳染給他們的。」

北太平洋與北極地區
THE NORTH PACIFIC AND THE ARCTIC

導言

往北朝美洲西岸航行時，探險隊航向的海域早已被其他歐洲國家探索過。西班牙人宣稱擁有美洲西岸，為了鞏固領土主張，西班牙於 1774 年派遣胡安·荷西·佩雷斯·赫南德茲（Juan José Pérez Hernández）率領探險隊前往北太平洋。佩雷斯在努特卡灣（Nootka Sound），也就是今日的溫哥華島（Vancouver Island）下錨。更往北，俄羅斯對東部疆界對面的土地越來越感興趣。俄國皮草商人已經在阿留申群島（Aleutian Islands）建立據點，阿留申群島從阿拉斯加往俄羅斯堪察加半島延伸，俄羅斯人因此開始探索阿拉斯加海岸。

1778 年 3 月，決心號與發現號抵達今日奧勒岡州（Oregon）外海，然後往北通過風暴、大雨與夾雜冰雪的大雨，最後跟西班牙人一樣在努特卡灣下錨，並在這裡交易皮草。船隊從這裡出發，繼續往北航向阿拉斯加，途中對海岸線進行探索，試圖找出通往東部海岸的水道，但徒勞無功。庫克提到，他們在這裡遇到的原住民持有鐵器與玻璃串珠，這顯然「不是他們自己製造的」。他起初認定「這裡的原住民是從鄰近的原住民那裡取得這些東西，而鄰近的原住民則是與俄羅斯人交易得到這些東西」。他評論如下：

> 與這片廣大海岸的居民進行皮草貿易顯然可以獲得龐大利益，然而除非找到北方水道，否則遙遠的英國不大可能從中獲利……與外國人貿易可以刺激他們的需求，促使他們買進新奇的奢侈品。為了購買這些奢侈品，他

們會更努力地獵取皮草，我想皮草在這個地區顯然不是什麼稀缺的物品。

船隊沿著阿拉斯加海岸往西航向阿留申群島。6月 19 日，幾艘獨木舟接近發現號，其中一艘獨木舟上有人「摘下帽子，用歐洲人的方式鞠躬行禮，他們於是拋了繩子給他，他在繩子上綁了一塊小而薄的木盒，然後說了一些話，又打了手勢，就把木盒丟向船尾。」盒子裡放了俄文信息，但船上沒有人懂俄文。6 月 28 日，一支小隊登陸到烏納拉斯卡島（Unalaska Island）取水。有人帶了另一封俄文信息上船。金恩寫道，俄羅斯人「與這裡的原住民頻繁或可能持續有交流」，他們「知道堪察加這個地方，而且告訴我們那裡的方位，他們還說有來自堪察加的人住在這裡。」

船隊從烏納拉斯卡島掉頭往東，沿著阿拉斯加半島北側航行，然後往北航向北極。8 月 3 日，船醫威廉·安德森因結核病去世，他與克萊爾克一樣，在航行期間一直飽受病痛之苦。庫克寫道，「他是個深明事理的年輕人，一個好相處的夥伴，他的醫術精湛、學識淵博，原本可以在航行中一展長才，可惜這麼早就蒙主寵召。」

船隊通過白令海峽（Bering Strait），尋找戴恩斯·巴靈頓認為可能存在的開闊北極洋面。然而，他們很快被冰層擋住去路，於是沿著冰層往西航行，發現它從北美洲西岸延伸到亞洲東岸。八月下旬，探險隊抵達俄國海岸。「現在已非適合探

根據約翰・韋博
畫作製作的版畫
「海獺」
大英圖書館，
Add MS 23921,
f.113

索的季節，溫度很快便會降到冰點以下，為了萬全起見，我認為不需要趕在今年找出水道。」船隊於是往南通過白令海峽。

庫克不在堪察加過冬，反而決定返回夏威夷。南行途中，庫克調查先前往北航行時，未曾看過的部分阿拉斯加海岸。他隨身攜帶史特林的《新北方群島紀錄》，書裡的地圖顯示阿拉斯加是一座島。金恩奉命前往北方探索，查看「先前看到認為是阿拉斯加島的陸地，是否真為島嶼，或與東邊的美洲大陸相連」。金恩搭乘小艇，不到一天就確認「我們的任務已經結束，兩邊的海岸僅靠一條小河隔開」。庫克的結論是，「史特林先生的地圖想必錯了。」

十月，船隊往南來到烏納拉斯卡島，庫克強迫船員食用莓果並飲用雲杉啤酒以預防壞血病。在這裡，他們首次與俄國人直接接觸，對方是三名皮草商人。儘管語言不通，俄羅斯人還是分享了該區的地理資訊。他們知道 1741 年維圖斯・白令（Vitus Bering）來阿拉斯加探險，但他們「對史特林先生的地圖所指的世界一無所知」。庫克把自己的海圖拿給他們看，發現「他們只知道與俄國東部疆界隔海相望的地區，完全不曉得有美洲海岸」。

之後不久，傑拉西姆・格瑞戈里夫・伊斯瑪伊洛夫（GerassimGregorievIsmailov）抵達，他是「此地與鄰近島嶼俄國人之中的首要人物」。庫克說他「非常熟悉這些地區的地理以及俄國人的所有發現，而且立刻就指出現代地圖的錯誤」。伊斯瑪伊洛夫證實，「俄國人曾數度嘗試在與島嶼相鄰的大陸地區建立據點，但總是被原住民驅離」。伊斯瑪伊洛夫允許庫克謄抄他的海圖。庫克寫道：

> 他的能力應該可以讓他晉升到更高的位子，而不只是受僱於人，他精通天文學，也熟悉數學。我拿哈德利（Hadley）發明的八分儀給他，雖然他可能是第一次看到這種儀器，但他很快就得心應手。

停留期間，他們造訪附近的俄國聚落，發現阿留申群島的俄國人比想像的多。庫克寫道：

> 從這裡到堪察加的主要島嶼都住著俄國人，他們在這裡的唯一目的是皮草，皮草的主要來源是海狸或海獺……我沒想過要問他們在烏納拉斯卡島與鄰近島嶼設立據點有多久了，但從原住民臣服的狀況來看，恐怕已有一段時間。

A MAP of the
NEW NORTHERN
ARCHIPELAGO
discover'd by the Russians
in the SEAS of
KAMTSCHATKA & ANADIR

史特林的地圖顯示俄國商
人的新發現，而且把阿拉
斯加描繪成一座島嶼。由
於實在太不精確，有些學
者認為這是刻意畫成這
樣，目的是為了誤導其他
歐洲國家。

雅各布·馮·史特林
《俄羅斯人在堪察加與阿
納迪爾海域發現的新北方
群島地圖》，出自《新北
方群島紀錄》，1774 年
大英圖書館，979.h.2

在努特卡灣交易

這幅畫顯示 1778 年 3 月下旬或 4 月，決心號在努特卡灣下錨，旁邊圍繞著獨木舟。這個地區住著莫瓦查特人（Mowachaht），他們是努恰努爾斯族（Nuu-chah-nulth）的一支。其中一艘獨木舟裡有個人站直身子，戴著巨大頭飾，雙手向外伸展。庫克描述他們初次來到此地，當地人在獨木舟上進行「單人儀式」：

> 他們奮力划著獨木舟，將我們兩艘船團團圍住，一位酋長或其他重要人物手持長矛或其他武器站在舟中，他們不斷說話，或是在向我們打招呼，有時站立者戴著面具，可能是人臉或獸臉面具，有時他們手拿嘎啦器（rattle），而不是武器。在繞行船隻後，他們會停在船側，開始交易，之後就沒有進行儀式了。

韋博的畫作強調，貿易促使船上的英國人與岸上的原住民建立和平關係。海軍部指示庫克尋求貿易機會，庫克描述與原住民交換的物品：

> 他們的物品是各種動物的皮草，例如熊、狼、狐狸、鹿、浣熊、雪貂、毛腳燕，特別是海狸，在堪察加海岸也曾發現這種動物的皮草……他們拿這些物品交換刀子、鑿子、鐵器與錫製品、釘子、鈕扣或任何種類的金屬。他們不喜歡串珠，也不接受任何布料。

在 4 月 26 日船隊出發之前，庫克以一把新打造的闊劍與當地的莫瓦查特酋長交換一件海狸皮草斗篷，「酋長十分高興，他覺得自己就像王子一樣。酋長與其他人百般要求我們務必再來，為了吸引我們前來，他保證一定會為我們準備大量皮草，我對酋長的話深信不疑。」

約翰・韋博
「船灣（Ship Cove）一景」，1778 年
大英圖書館，Add MS 15514, f.10

努特卡灣的房子

據信這幅畫描繪的是尤擴特村（Yuquot，意思是「風從四面八方吹來的地方」）。1778 年 4 月，英國人造訪這個村落。金恩提到，「村子西邊的一棟建築物上，有根大得不尋常的樹幹，以兩根柱子支撐著，這根樹幹可以用來製作最頂級的桅杆。居民肯定費了很大的力氣才將樹幹擺在那裡。不過，他們似乎看不出這根樹幹能做什麼或滿足什麼目的。」金恩的描述與畫作右方的建築物相符。庫克描述這裡的建築物：

> 有些長 150 英尺，寬 24 到 30 英尺，從地板到屋頂高 7 到 8 英尺，屋頂全是平的，上面覆蓋著鬆散的木板。房子四周的牆也用木板製成，結構則以大的樹幹搭建。

在努特卡灣，為船上的牲口收集糧秣時需要複雜的交涉。庫克寫道：

> 我要購買草料時，大約有十幾個人宣稱他們是這些草的所有人，買了之後原以為可以自由割草，但我錯了。我之前已經向一批人購買，現在又冒出一批人自稱是擁有者，這裡的牧草沒有獨立的所有人，因此我為了買草料，幾乎把東西變賣一空。

約翰・韋博
「努特卡灣的房舍」，1778 年
大英圖書館，Add MS 15514, f.7

約翰・韋博
「舒適角落灣（Snug Corner Cove）一景」，1778 年
大英圖書館，Add MS 15514, f.8

威廉王子灣，阿拉斯加

1778 年 4 月底，船隊離開努特卡灣，沿著海岸往北航向阿拉斯加。往北航行時，決心號船身出現破洞，五月，船隊在一處海灣停泊修理，這個海灣日後稱為威廉王子灣（Prince William Sound）。庫克急於尋找安全避風港的心情，或許反映在他為停泊港灣取的名字上；儘管天候惡劣，他仍將此地取名為「舒適角落灣」（Snug Corner Bay）。韋博的畫作顯示了下錨的船隊，背景是高聳的楚加奇山（Chugach Mountains）。

山姆威爾記錄，當地人「用皮草與其他東西跟我們交換鐵器與串珠，他們特別喜歡藍色與綠色的珠子，在我們來此之前，他們當中已經有人擁有這些東西」。他又說：

> 關於他們怎麼拿到這些珠子有許多猜測，他們應該不可能從南方海岸取得，因為我們在喬治王灣（George's Sound，也就是努特卡灣）的印第安人身上完全沒看到串珠。他們也許是經由某條通往美洲東岸的水道取得這些珠子；然而這種猜測只是我們的一廂情願，因為他們還有另一種管道可以取得，而且可能性最大，那就是堪察加的俄羅斯人，我們有理由相信俄羅斯人用串珠與美洲沿岸的印第安人交換皮草。

威廉王子灣的婦女

庫克很少提到他在北太平洋遇見的原住民屬於哪一族。然而在此次航行初期，他對民族誌的細節產生興趣，開始長篇記錄原住民的文化與社會。他在威廉王子灣時寫道：

> 這裡的原住民與喬治王灣（努特卡灣）的居民不是同一族，兩者的語言與特徵都大不相同：這裡的原住民個子矮小，但體格厚實、相貌好看，有些類似克蘭茨（Crantz）描述的格陵蘭人（Greenlander）。但由於我從未見過格陵蘭人或愛斯基摩人（Esquemaus），據說這兩種人是同一個民族，所以我無法充分判斷，我們接下來很可能會看到更多這裡的原住民，我會保留這個問題留待日後討論。

韋博畫中的人物是一名威廉王子灣的婦女。庫克在日誌中詳細描寫這個地區婦女的長相、服裝與首飾：

> 我沒看過當地婦女戴頭飾，她們擁有一頭烏黑長髮，只在前額上方束了一撮髮……當地居民的嘴唇雖然沒有割開，卻都打了洞，特別是女性甚至年輕女孩；她們把大小適中的骨頭塞進這些洞與口裡，並排放在嘴唇內面，然後用線將這些骨頭綁在一起，有些骨頭會穿出到嘴唇外固定住，或穿出嘴唇外如同瀏海一樣，這時她們便會再掛上其他骨頭或珠子。這種裝飾十分妨礙說話，而且讓她們看起來彷彿下顎有兩排牙齒。除了她們最重視的唇飾，她們也配戴骨頭，或用一條硬線或三、四英尺長的繩子把柱狀珠子串成一串，然後穿過分隔鼻腔的軟骨。她們的耳朵也穿了耳洞，並配戴串珠與骨頭。

約翰・韋博
「一名烏納拉斯卡島婦女肖像」，1778 年
大英圖書館，Add MS 15514, f.15

阿拉斯加與阿留申群島

船隊離開威廉王子灣後持續北航，花了幾天調查一處遼闊的海灣，戈爾認為這裡可能是西北航道的入口。在沿著海灣上溯 100 英里（160 公里）後，船隊在某個地點下錨，這裡就是日後的安克拉治（Anchorage）。旅程中，山姆威爾記錄每天都有原住民划獨木舟來造訪船隊，「他們用上等的海狸與其他動物的皮草跟我們交換鐵器，也拿一些品質十分優良的鮭魚與大比目魚，有新鮮的也有風乾的，以及一些少見的箭囊跟我們交換釘子與其他小東西。」

來到這裡可明顯看出，阿拉斯加是大陸的一部分，而非島嶼。庫克寫道：

> 我們現在確定，美洲大陸比現代海圖描繪的更往西延伸，我們有理由認為，找到通往巴芬灣與哈得遜灣航道的可能性已經降低，或至少要繞更遠的路才能抵達。但如果沒有探查這個地方，我們可能會認定，或甚至主張這裡往北可以連通海洋，或這些海灣可以通往東方。

庫克派金恩上岸展示旗幟，宣布占領這個地方與河流。金恩上岸後遇見一群人，約有十餘名，他們「舉止有禮，但令人起疑」。安德森用一對扣環跟對方交換一隻狗，但這隻狗馬上咬了安德森，牠的下場是在海灘上被槍斃。這群人立刻轉身離去，「沒有人願意靠近我們」。

探險隊繼續前往阿留申群島，1778 年 6 月，他們在烏納拉斯卡島停泊。上岸探查時，韋博為一名婦女畫了肖像，山姆威爾事後在日誌裡寫道：

> 我們遇見一名非常漂亮的年輕女子，她的丈夫為她戴上的飾品是我們前所未見，她的服裝也很美麗。韋博先生想為她畫張素描，而且我們有充裕的時間，於是便坐下來作畫；我們都被她的好脾氣與和藹可親吸引，她順從我們的願望，留下來讓我們作畫，也聽從我們的指示站立或坐下，似乎很高興有這個機會滿足我們的請求。

在此同時，金恩在島上調查俄國人對此地的影響。他寫道，島民「普遍喜愛鼻煙與嚼食菸草，並告訴我們這些東西全來自堪察加。我們了解俄國人的政策，他們引進這些物品讓島民養成吸食的習慣」：

> 這些物品成為他們的生活必需品，造成的影響顯而易見，原住民不僅沒有皮草進行交易，而且顯然連身上的衣物都負擔不起，他們的衣服幾乎全由鳥皮製成，女性只穿海豹皮，然後縫上小型長條狀的海獺皮做為裝飾。

約翰・韋博
「楚科奇半島的兩名楚科奇人」，1778 年
大英圖書館，Add MS 15514, f.16

楚科奇半島（Chukotskiy Peninsula）

船隊繼續往北來到白令海峽，1778 年 8 月 9 日，他們看到一處海角，庫克將此地命名為威爾斯親王角（Cape Prince of Wales），此地「更值得注意的是，它是目前已知美洲的極西之地」。船隊可以從這裡往西航行到亞洲北岸。有一群人在一座村莊登陸，庫克如此形容他們：

> 發現有 40、50 人站在村落所在的高地上，每個人都拿著短矛與弓箭……當我們接近時，他們之中有三個人朝岸邊走下來，很有禮貌地脫帽向我們深深鞠躬；我們也回禮致意，但這無法讓他們產生足夠的信心等待我們抵達岸邊，我們的小艇才剛靠岸，他們就退回去了。我獨自一人尾隨他們，身上沒帶任何武器，我比手畫腳示意他們停下腳步，他們收下我給的小東西，然後給我兩件狐狸皮草與兩根海象牙……他們似乎非常戒慎恐懼……因為我每向前一步，他們就退後一步，一副準備抽出短矛的樣子。

楚科奇人（Chuchki people）住在西伯利亞東北部的楚科奇半島（Chukotskiypeninsula）。這個地區在數十年前併入俄羅斯帝國，俄羅斯人與當地部族曾有過嚴重衝突。停留當地期間，韋博畫了這幅畫，而庫克描述當地人民：

> 短矛以鋼鐵製成，使用歐洲或亞洲的鍛造技術……他們用皮革箭囊攜帶箭矢……有些箭囊十分美麗，以紅色皮革製成，上面有工整的刺繡與其他裝飾……他們的服裝包括了帽子、袍子、褲子與靴子，全用皮革製成。

根據約翰・韋博的畫作製作的版畫
「海象」
大英圖書館，Add MS 23921, f.112

下頁
約翰・韋博
〔諾頓灣居民與他們的住處〕，1778 年
大英圖書館，Add MS 15514, f.18

北極地區

船隊越過北極圈，於 1778 年 8 月 18 日來到北緯 70 度 41 分以北。庫克寫道：「正午前的某個時點，我們看到北方地平線有亮光，就像冰反射的光，一般稱為映光……下午一點，我們無疑看到了廣大的冰原……冰原從正西偏南往正東偏北延伸，極目所及，船隻完全無法通過。」第二天，庫克報告說：「我們現在的位置水深 20 噚，接近冰原邊緣，冰原堅實如牆壁，高約 10 到 12 英尺，但越往北越高聳……我們準備往南。」他們看見美洲大陸的邊緣，庫克將其命名為冰角（Icy Cape）。山姆威爾記錄說，「我們離冰原十分接近，這塊冰原從美洲海岸一直綿延到亞洲海岸。」

船隊轉而向南，以免被困在冰原與海岸之間，但在 8 月 19 日又轉而往北，他們很快又看到冰層：「冰上躺著數量驚人的海象，由於我們缺乏新鮮食物，於是每艘船都派小艇前去獵捕。」這幅版畫是根據韋博的原畫製作的。雖然許多人表示不願意吃海象肉，但庫克不顧他們的反對，庫克表示，「只要這些海象一直在這兒，我們就要以牠們維生，船上應該沒有人寧可吃鹹肉而不願意吃海象肉吧。」海象油做為燈油相當好用，海象皮可以用來修補索具。殺死大量海象之後，庫克寫道：「牠們看起來不像一些作家說的那麼危險。」

諾頓灣的一家人

船隊又轉而向南,在阿拉斯加沿岸的諾頓灣（Norton Sound）下錨,他們在這裡花了幾天時間探索內陸水路。英國人停留期間遇到了一些當地原住民,雙方的相處相當平和,並無特殊之處。山姆威爾寫道:

這部分的海岸人煙稀少,房舍聚集在岸邊的小村落,但我們看到在這片平坦地區零零散散蓋了幾間獨立的小屋,彼此相隔很遠……這些房子的外觀不同,但絕大多數是方形,房子不大,僅能容六、七個人一起生活;有些屋子是平頂,有些是斜頂,屋子中央高約六英尺,長與寬約五到六碼;有些屋子的側面是將木材一根根水平橫放上去,有些則是將木材直立斜插在土中,斜放的木材彼此架住,空隙以草填充;頂端則覆蓋草與石頭。

韋博的水彩畫描繪的也許是 1778 年 9 月 13 日在某戶人家看到的景象。金恩描述「這名和善的婦人揹著孩子,以外套兜帽蓋住孩子;我原以為她揹著一捆東西,直到那孩子開始啜泣,婦人以安撫的語調哄著,孩子又安靜了下來。」庫克用四把刀子換取 400 磅的魚,並送了一些串珠給小女孩,「母親突然開始哭泣,父親也是,接著另一名男子也開始哭泣,最後連孩子也加入他們的行列,但這場喧鬧並未持續很久。」

第二次造訪夏威夷
THE SECOND VISIT TO HAWAI'I

入冬之後，船隊往南航行。1778 年 11 月 26 日茂宜島（Maui）映入眼簾，這是夏威夷群島的東部島嶼。庫克寫道：「我們看到岸邊幾個地方有人、房子與種植園，這座島看起來森林繁密，水源充沛，我們看到岸邊有好幾道瀑布直洩入海。」11 月 30 日，夏威夷大酋長卡拉尼歐普烏〔Kalani'opu'u，英國人叫他特雷歐伯（Teereeoboo）〕來到船上。庫克寫道，「他送我兩、三隻小豬，而我們跟其他人以物易物交換一些水果……晚上，我們發現迎風處另有一座島嶼，當地人稱為歐維希（O'wy'he，即夏威夷島，譯按：夏威夷島是夏威夷群島的其中一座島嶼）。」

船隊繞行夏威夷島周圍幾個星期仍未登陸，部分是因為天氣惡劣，找不到適合的港口，部分則是因為庫克想控制與夏威夷人的貿易。這段時間，岸邊不斷有獨木舟划向船隊進行交易。布萊奉命登岸評估情況，但「他找不到淡水……整座島的

地表都由大片火山渣與火山灰構成，只有少數地區有植物。」

庫克日誌的最後一條寫於 1779 年 1 月 6 日，但往後十天，他又繼續在另一本日誌裡做了簡短紀錄。1 月 16 日，船隊抵達夏威夷島西岸凱阿拉凱夸灣（Kealakekua Bay）外。庫克提到，「獨木舟從島的各處駛來，十點不到，兩艘船周圍就聚集了不下 1000 艘獨木舟……沒有人攜帶武器，他們純粹是基於貿易與好奇前來。」然而，竊盜事件的發生使庫克下令開槍鳴砲示警。他寫道：

我在這片海域從未見過這麼多人聚集在同一個地方，除了獨木舟上的人，整個海灣沿岸全是密密麻麻的群眾，甚至有數百人像魚群一樣游到船的四周。要不是一位名叫帕雷亞（Parea）的酋長或特雷歐伯（卡拉尼歐普烏）大酋長的僕人屢次動用權威，要求這些人離

開船隻或將其驅離，我們真的很難讓他們遵守秩序。

布萊回報這裡有理想的停泊地點與淡水，庫克於是決定在凱阿拉凱夸灣下錨整修船隻。1 月 17 日庫克寫道：「下午我到岸上探查，隨行的有托阿哈（Touahah，祭司）、帕雷亞、金恩先生與其他人；一上岸，托阿哈就抓著我的手，帶我到一座大瑪拉埃，其他男士連同帕雷亞以及四到五名原住民跟在我們身後。」這是庫克日誌最後留下的話語，之後他的行動只能透過探險隊其他成員的日誌得知。

船隊抵達時，正好碰上瑪卡希基（Makahiki）宗教祭典開始。祭典期間，和平與繁榮之神樓諾將勝過另一位神祇庫烏（Ku），而庫烏在人間的代表就是卡拉尼歐普烏。有些史家認為庫克被原住民當成樓諾的化身，另一些史家則認為他只是被當成非常有權勢的酋長，因此獲得極大尊崇。金恩的日誌描述在凱阿拉凱夸灣上岸的狀況。他提到，當庫克被引領至希卡烏（Hikau）的黑奧（寺廟）時，夏威夷人全都匍匐在他的面前。在漫長的儀式中，庫克依循其中一名祭司科阿赫（Koah）的指示，也俯臥在戰神庫烏的神像前。金恩提到，祭司們曾稱呼庫克為「埃羅諾」（Erono）。

祭典之後，他們選定一個地點紮營，金恩提到他們的營地「是禁忌之地，因此我們在賠償地主後，一切工作才得以順利展開」。1779 年 1 月 26 日卡拉尼歐普烏抵達後，禁忌獲得解除，雙方藉由貿易、拳擊和角力表演建立了友好關係。卡拉尼歐普烏把自己的斗篷與羽飾帽子送給庫克，之後又送了五到六件斗篷、四頭大豬與其他糧食。庫克與卡拉尼歐普烏互通姓名，「締結堅定的友誼」。卡拉尼歐普烏的兒子們跟隨父親前來，其中年紀最大的 16 歲男孩當晚在決心號過夜。

一月底，船隻修繕完畢，庫克開始考慮離開夏威夷群島。2月1日，庫克要金恩詢問夏威夷人願不願意出售黑奧周圍的「木頭柵欄」。夏威夷人同意了，但金恩發現除了木頭柵欄，「船員們也帶走了雕刻的神像，等我察覺時已經太晚，圍欄圍成的半圓圈裡的東西全搬上了小艇。」金恩知道這麼做會造成冒犯，於是徵詢科阿赫的意見，科阿赫「只要求我們歸還小神像，以及原本立在瑪拉埃中央的兩尊神像」。

2月4日，船隊在科阿赫指引下離開凱阿拉凱夸灣；日後金恩提到科阿赫「改名為布里塔尼（Britanee）」。金恩回想他們在夏威夷的停留時寫道：

從這些事情以及其他許多狀況，可以明顯看出他們把我們看成遠比他們優越的存在；如果這份尊敬因逐漸熟稔或長期交流而淡去，他們的行為一定會出現變化；但一般民眾最容易惹出問題，我擔心這些人總是對他們的

酋長唯命是從，我懷疑不需要任何鼓勵，只要他們的主子一聲令下，他們就會冒險侵犯我們。

船隊出航沒多久就遭遇暴風，決心號前桅受損，不得不返回凱阿拉凱夸灣。英國人很快就發現，他們抵達的時間正值禁忌期，所有獨木舟都不許進入或離開凱阿拉凱夸灣，而卡拉尼歐普烏此時不在此地。2月13日他回來了。伯尼寫道，「令他好奇的是，當幾名歐維希（夏威夷）酋長得知他們返回的理由時，似乎很不高興。」

往後幾天，雙方的關係越變越緊繃。一名原住民因偷竊軍械士的鉗子被捕，庫克下令鞭打40下，這在當時是極重的刑罰。在岸上，運水小隊回報，「現在印第安人手上都拿著石頭，而且變得粗暴無禮」。金恩尋求「幾名酋長的協助，才趕走了暴民」。接下來又發生數起事件，包括軍械士的鉗子又被偷走，以及小艇上的船員遭原住民丟擲石塊。不久，據報庫克下令，「若遭遇丟擲石塊

根據約翰・里克曼《庫克船長最後一次太平洋航行探索日誌》描述製作的版畫。這是對外發表的第一幅描繪庫克死亡的圖像作品。
大英圖書館，978.l.26

或粗暴無禮的狀況，可以當場開槍還擊。」

1779 年 2 月 14 日前夜，發現號的大型小艇不見了。庫克依照之前的做法，率領海軍陸戰隊上岸，打算抓住某個地位較高的人當人質，要求對方歸還小艇。克萊爾克日後的記錄提到，庫克一發現卡拉尼歐普烏才剛醒來，就相信他「一定不知情，他向這名年長男士提議一起回到船上，對方馬上就答應了。」當庫克一行人回到沙灘，已有兩、三百人在那裡聚集，情勢十分緊張。封鎖港口的英國船員射殺一名原住民男子的消息大概已經傳到這群人耳裡。卡拉尼歐普烏的妻子與兩名酋長都勸他不要上船，卡拉尼歐普烏「看起來既沮喪又害怕」。據報，庫克說道，「我們可能要殺幾個人才能強迫他上船。」

流傳至今有關庫克死亡，各種描述都令人困惑，有些地方也自相矛盾。海軍陸戰隊中尉莫爾斯沃斯・菲利普斯（Molesworth Phillips）當時在岸上，他認為庫克面對眼前的情勢，正打算下令上船：

有個傢伙拿著一根尖狀的長鐵棍（他們稱之為帕胡阿〔Pah;hoo;ah〕）與一塊石頭；這名男子揮舞手中的帕胡阿，威脅要丟出石頭，庫克船長於是對他開了一槍，但他身上的草蓆擋住了子彈。這一槍非但無法嚇阻他們，反而挑起他們的怒氣，激勵他們向前。

庫克又開了一槍，然後裝填子彈，他殺了一個人，接下來夏威夷人「一擁而上」。菲利普斯寫道，「船長下令海軍陸戰隊隊員開槍，之後他高喊『上船』。」庫克與四名海軍陸戰隊隊員在沙灘被殺。據信有 16 名夏威夷人死亡。

前頁
根據約翰・韋博畫作製作的版畫。
畫中顯示，在夏威夷的歡迎儀式裡，庫克坐在三名軍官當中。
金恩描述一名祭司拿了一隻豬，「先是高高舉起，有時擺到庫克的面前，最後則是連同椰子一起放在庫克腳邊；然後，執行儀式的人也坐下，卡瓦醉椒（Kava）與切好的肥豬肉端了出來，跟以前一樣，賓主盡歡。」
大英圖書館，Add MS 23921, f.75

himself shot the Indian in the Water. Captain Cook was now the only Man on the Rock, he was seen walking down towards the Pinnace, holding his left hand against the Back of his head to guard it from the Stones & carrying his Musket under the other Arm An Indian came running behind him, stopping once or twice as he advanced, as if he was afraid that he should turn round, then taking him unaware he sprung to him knocked him on the back of his head with a large Club taken out of a fence & instantly fled with the greatest precipitation, the blow made Captain Cook stagger two or three paces, he then fell on his hand & one knee & dropped his Musket, as he was rising another Indian came running to him & before he could recover himself from the fall

大衛·山姆威爾的描述

這是大衛·山姆威爾的手稿對庫克死亡的描述，
這份稿子後來印行出版。山姆威爾提到，暴力開
始之後，庫克「被人看到朝小艇方向走去，他的
左手護著後腦勺以免被石頭砸中」。山姆威爾接
著提到庫克被「一根大棍棒」擊中，脖子後方被
一把鐵製短劍刺入。山姆威爾描述庫克在水中掙
扎，揮手向岸邊小艇的人求救，但「他們無力搭
救」。之後庫克「努力爬上岩石，此時有人用大
棍棒打他的頭，庫克就這樣死了。」

大衛·山姆威爾日誌
大英圖書館，Egerton 2591, f.201

drew out an iron Dagger he concealed under his feathered Cloak & stuck it with all his force into the back of his Neck, which made Capt Cook tumble into the water in a kind of a bite by the side of the Rock where the water is about knee deep, here he was followed by a croud of people who endeavoured to keep him under water but struggling very strong with them he got his head up & looking towards the Pinnace which was not above a boat hook's Length from him waved his hands to them for assistance which it seems it was not in their Power to give the Indians got him under water again but he disengaged himself & got his head up once more & not being able to swim he endeavoured to scramble on the Rock when a fellow gave him a blow on the head with a large Club and he was seen alive no more, they now kept him under water one Man sat on his shoulders & beat his head with a Stone while others beat him with Clubs & Stones, they then hauled him up dead on the Rocks where they struck him with their Daggers, dashed his head against the rock & beat him with Clubs & Stones

217

弗朗切斯科・巴托洛奇（Francesco
Bartolozzi）與威廉・伯恩根據約
翰・韋博的畫作製作的版畫
《庫克船長之死》
大英圖書館，Add MS 23921, f.69

關於庫克死亡的其他描述

韋博返回英國後，畫了兩幅畫描繪庫克之死。這
兩幅畫顯示庫克示意手下停火，在他身後有一名
男子手持短劍，做出刺向他的動作。韋博的畫成
為這幅版畫（左圖）的基礎，這幅版畫在 1780
年代的英國相當暢銷，也讓庫克身為調停者的形
象深植人心。從韋博的畫作衍生的一些版本還下
了這樣的標題：「庫克船長之死……在卡拉庫阿
（Carakooa，即凱阿拉凱夸灣）遭野蠻人持短劍
殺害……他的仁慈使自己淪為受害者。」

翻頁後的畫作是小約翰‧克里夫利所繪，他的兄
弟詹姆斯曾參與庫克第三次航行。一般認為這幅
畫的完成時間大約在 1780 年，畫中顯示庫克做
出極具威脅性的動作，率領他的部下展開攻擊。
他的槍沒有子彈了，因此他滿懷怒氣與暴力地將
其充當棍子揮舞。相較之下，克里夫利後期的畫
作也許受韋博影響，也開始將庫克描繪成調停
者，認為他試圖阻止流血衝突擴大。

下頁
小約翰‧克里夫利
《庫克之死》，約 1780 年
私人收藏

庫克死後：完成航行
AFTER COOK'S DEATH: COMPLETING THE VOYAGE

現在查爾斯‧克萊爾克成為探險隊的指揮官，他派小艇到岸邊，舉白旗要求拿回庫克的遺體。2月16日，金恩認識的一位名叫卡爾納卡勒（Car'na'care）的祭司來到船上，帶來「一大塊肉」，一般認為這是庫克大腿的一部分。克萊爾克寫道：

> 這可憐的傢伙告訴我們，庫克其他部分的肉已在不同地點依特定儀式予以焚燒，這塊肉交給他也是為了同樣的目的，他看到我們急於拿回庫克的屍體，才盡可能把這塊肉交給

我們，他又說，庫克的骨頭在國王特雷歐伯（卡拉尼歐普烏）手上。

雖然一些廣受流傳的說法認為庫克的遺體被吃掉了，但事實上，當地習俗會把死去酋長遺體的肉去除，因為他們認為酋長的遺骨是帶有強大力量的聖髑。

第二天，船員上岸焚燒村落，殺死了許多人。克萊爾克下令以船上的大砲進行砲擊，造成更大的

破壞。晚間兩名夏威夷酋長上船，「懇求我們不
要再繼續砲擊」。2月20日，夏威夷人歸還庫克
遺骸，次日進行海葬。1779年2月23日，船隊
從凱阿拉凱夸灣出發。克萊爾克在完成群島的測
繪與進一步補給後，再次往北尋找西北航道。四
月底，船隊在堪察加半島的彼得羅巴甫洛夫斯克
下錨，俄國總督免費為他們提供補給，顯然認可
庫克改善了與楚科奇人的外交關係。

1779年7月6日，船隊再度通過白令海峽，但很

快就被冰層擋住去路。七月下旬，射殺了兩頭北
極熊，船員們發現熊肉比前一年庫克要他們吃下
的海象肉還要可口。克萊爾克率領船隊再度往南
來到堪察加，八月下旬，他因為在獄中感染的結
核病而在此地病逝。約翰・戈爾接任探險隊指揮
官，船隊經由中國與好望角返回英國。在澳門，
這個東印度公司位於中國的貿易站，海獺皮草賣
得豐厚的利潤。這個消息導致往後十年無數英國
貿易探險隊前往西北太平洋進行皮草貿易。

CONCLUSION

結論

直到 1784 年 6 月，官方的航行敘述才正式出版。作者是詹姆斯‧金恩，他曾與庫克一起航行，另一位作者是法政牧師約翰‧道格拉斯，他曾協助庫克編纂第二次航行的敘述。這是一部昂貴的三冊作品，包括韋博畫作的插圖與顯示庫克測繪太平洋的地圖。書中描述庫克死亡的段落如下：

> 我們不幸的指揮官，最後一次清楚看見他的身影，是他站在水邊對著小艇高喊停火與停船。如果這是真的，如同現在的人所想像的，海軍陸戰隊與船員未得到他的命令就逕自開火，而庫克一心只想阻止流血，因此我們可以這麼說，在當時的情況下，他的仁慈造成他的死亡。

1785 年的啞劇《歐瑪伊，或環遊世界之旅》（Omai, or a Trip Round the World），無論是劇本與舞台設計都把紀念庫克推升到新的層次。韋博擔任戲劇顧問，並負責舞台布景的繪製與服裝設計。這齣啞劇聚集了庫克三次航行出現過的人物，劇中把瑪伊安排成圖烏的兒子，他受到托歐法（大溪地合法國王的保護者）的監護，並遭到希提希提（王位覬覦者）的挑戰，而希提希提則獲得歐伯莉亞（Oberea，「女巫」）的支持。其他角色包括不列顛妮亞〔由「茵琪巴爾德夫人」（MrsInchbald）飾演〕與隆迪妮亞（Londinia），「注定要成為瑪伊的配偶」，譯按：隆迪妮亞是不列顛妮亞的女兒，這兩人的名字象徵著倫敦與不列顛，隆迪妮亞嫁給瑪伊意謂著英國與大溪地兩國的結合）。

這齣戲的高潮發生在大溪地，「全球各地，庫克船長曾經造訪的地區都派代表前來遊行，並向瑪伊獻上祝福與禮物，恭祝他繼承祖先的王位。」遊行行列由一名跳舞的大溪地女孩引領，後面的人群來自紐西蘭、坦納島、東加、夏威夷、復活節島、俄羅斯、堪察加、楚科奇半島、努特卡灣與烏納拉斯卡島。在遊行時，突然傳來庫克死於夏威夷的消息。戲劇最後以一首頌揚庫克的歌曲作結：

> 他來，他見，卻不征服，而是為了拯救；
> 他是不列顛的凱撒；
> 他不屑逼人為奴
> 不列顛人如此自由。
> 不列顛的英才不許我們哀傷，
> 因為永遠受人尊崇的庫克，享有永恆的生命。

歌聲響起時，題為《庫克船長升天》（The Apotheosis of Captain Cook）的背景布幕緩緩降下。布幕上顯示庫克被帶往天堂，在他底下的凱阿拉凱夸灣正戰得如火如荼。日後這幅布幕被這齣戲的製作人菲利普‧德‧魯特布爾格（Philippe de Loutherbourg）製成版畫。

The APOTHEOSIS of CAPTAIN COOK.

From a Design of P.J.De Loutherbourg, R.A. The View of KARAKAKOOA BAY.
Is from a Drawing by John Webber, R.A (the last he made) in the Collection of Mr.G.Baker.

根據約翰・韋博畫作製作的版畫
「庫克船長升天」

戲演完了，一切就此平息，但在倫敦發生的事件可不是如此。1785 年夏天，下議院針對監獄過於擁擠的問題進行調查。在美國獨立革命前數十年，有近五萬名囚犯被運往美洲殖民地。獨立戰爭爆發以來，無法再將囚犯運往美洲，於是監獄與監獄船人滿為患。1779 年，約瑟夫‧班克斯首先向下議院推薦植物灣，「此地離英國約七個月航程」，是理想的監獄殖民地所在地：

> 原住民反對的可能性微乎其微，因為 1770 年他停留當地期間，看到的原住民非常少，因此他認為總人數大概連 50 人都不到⋯⋯就他的理解，當地的氣候與法國南部土魯斯（Toulouse）類似⋯⋯肥沃的土壤相對於貧瘠的土壤比例較少，但足以支持大量人口⋯⋯他毫不懷疑我們的牛羊運到那裡可以大量繁衍⋯⋯牧草高大茂盛，還有一些可食用的蔬菜，尤其是某種野生菠菜；水源豐沛，有大量的木材與燃料。

當時班克斯的建議未獲採用，特別是因為英國仍有可能獲勝，屆時將可重新將犯人運往北美。美國獨立後，監獄過度擁擠的問題急需解決，澳洲於是成為眾多考慮的地點之一。1786 年 8 月，內政大臣雪梨勳爵（Lord Sydney）宣布，政府決定在新南威爾斯植物灣設立監獄殖民地。設立殖民地，究竟只是單純為了將犯人流放到英國以外的地區，還是背後不乏帝國一定程度的貿易與長期戰略考量，史家對此仍有爭論。

十九世紀，歐洲開始更有系統地介入太平洋地區。到了十九世紀末，英國已經殖民澳洲、紐西蘭與加拿大西岸。法國已經併吞社會群島，包括大溪地以及新喀里多尼亞。阿拉斯加已經成為俄羅斯帝國的領土，日後將出售給美國。美國也控制了夏威夷群島。除了領土的擴張外，歐洲也進行各種形式的干預，包括商人從自然環境獲取利潤，傳教士向太平洋地區傳布基督宗教，種植園主想獲得更多土地，越來越多的移民想尋求新生活。

往後的歷史發展，有多少成分是庫克航行所造成的影響，這個問題引發複雜而深刻的討論。從最單純的角度來看，庫克決心達成海軍部的指令（約翰‧佛斯特曾絕望地說，庫克「完全不向偶然與未來的探險家退讓」），這意謂著他航行的宗旨是成功測繪，以補足歐洲在太平洋地圖上剩餘的空白。由於庫克的海圖指引後世歐洲人前往太平洋，他的航行自然成為歐洲人，無論這些人是商人、殖民者、傳教士、種植園主或移民，對太平洋地區帶來了改變的象徵性起點。

約翰・韋博
〔澳門景象〕
大英圖書館，Add MS 15514, f.41

BIBLIOGRAPHY

參考書目

書籍、期刊

John Beaglehole (ed.), *The Endeavour Journal of Sir Joseph Banks, 1768–1771* (Sydney, 1962)

John Beaglehole (ed.), *The Journals of Captain James Cook on his Voyages of Discovery* (Cambridge, 1955–74)

James Cook, *A Voyage Towards the South Pole and Round the World* (London, 1777)

James Cook and James King, *A Voyage to the Pacific Ocean, undertaken by Command of His Majesty for Making Discoveries in the Northern Hemisphere* (London, 1784)

Philip Edwards (ed.), *James Cook: The Journals* (London, 1999)

Georg Forster, *A Voyage Round the World in His Britannic Majesty's Sloop, Resolution* (London, 1777)

John Hawkesworth, *An Account of the Voyages undertaken … for Making Discoveries in the Southern Hemisphere* (London, 1773)

Michael Hoare (ed.), *The Resolution Journal of Johann Reinhold Forster 1772–1775* (London, 1982)

Stanfield Parkinson, *A Journal of a Voyage to the South Seas, in His Majesty's Ship, The Endeavour. Faithfully Transcribed from the Papers of the Late Sydney Parkinson* (London, 1773)

第二手資料

Atholl Anderson, Judith Binney and Aroha Harris, *Tangata Whenua: An Illustrated History* (Wellington, 2014)

James Barnett and David Nicandri, *Arctic Ambitions: Captain Cook and the Northwest Passage* (Seattle and London, 2015)

John Beaglehole, *The Life of Captain James Cook* (London, 1974)

Harold Carter, 'Notes on the Drawings by an Unknown Artist from the Voyage of HMS Endeavour' in Margarette Lincoln (ed.), *Science and Exploration in the Pacific* (Woodbridge, 1998), pp. 133–34

Harold Carter, *Sir Joseph Banks, 1743–1820* (London, 1988)

Andrew David, Rudiger Joppien and Bernard Smith, *The Charts and Coastal Views of Captain Cook's Voyages* (London, 1988–97)

Anne Di Piazza and Erik Pearthree, 'A New Reading of Tupaia's Chart' in *The Journal of the Polynesian Society*, Vol. 116, No. 3 (Sept. 2007), pp. 321–40

Joan Druett, *Tupaia: Captain Cook's Polynesian Navigator* (Santa Barbara, 2011)

Lars Eckstein and Anja Schwarz, 'The Making of Tupaia's Map' (in preparation)

John Gascoigne, *Joseph Banks and the English Enlightenment: Useful Knowledge and Polite Culture* (Cambridge, 1994)

Richard Holmes, *The Age of Wonder* (London, 2008)

Tony Horwitz, *Into the Blue: Boldly Going Where Captain Cook Has Gone Before* (Crows Nest, NSW, 2002)

Richard Hough, *Captain James Cook* (London, 1994)

Rudiger Joppien and Bernard Smith, *The Art of Captain Cook's Voyages* (New Haven and London, 1985–87)

Peter Marshall and Glyn Williams, *The Great Map of Mankind: British Perceptions of the World in the Age of*

Enlightenment (London, 1982)

Eric McCormick, *Omai: Pacific Envoy* (Auckland, 1977)

Frank McLynn, *Captain Cook: Master of the Seas* (New Haven and London, 2011)

Maria Nugent, *Botany Bay: Where Histories Meet* (Crows Nest, NSW, 2005)

Maria Nugent, *Captain Cook Was Here* (Cambridge, 2009)

Patrick O'Brian, *Joseph Banks* (London, 1987)

Dan O'Sullivan, *In Search of Captain Cook* (London, 2008)

Nigel Rigby and Pieter van der Merwe, *Captain Cook in the Pacific* (London, 2002)

John Robson, *Captain Cook's World: Maps of the Life and Voyages of James Cook RN* (Auckland, 2000)

John Robson, *The Captain Cook Encyclopaedia* (London, 2004)

Anne Salmond, *Between Worlds: Early Exchanges between Māori and Europeans, 1773–1815* (Auckland and London, 1997)

Anne Salmond, *The Trial of the Cannibal Dog: Captain Cook in the South Seas* (London, 2003)

Anne Salmond, *Aphrodite's Island: The European Discovery of Tahiti* (Berkeley and London, 2010)

Bernard Smith, *European Vision and the South Pacific, 1768–1850* (Oxford, 1960)

Nicholas Thomas, *Discoveries: The Voyages of Captain Cook* (London, 2003)

Glyn Williams, *The Death of Captain Cook: A Hero Made and Unmade* (London, 2008)

線上資源

Information on the British Library's James Cook collections and exhibition programme is available at https://www.bl.uk/

The National Library of Australia website has searchable editions of the journals of Cook, Banks and Parkinson, plus Hawkesworth's book: http://southseas.nla.gov.au/index_voyaging.html

The journals of Joseph Banks and William Wales are available online via the website of the State Library of New South Wales at http://www2.sl.nsw.gov.au/

Te Ara – The Encyclopedia of New Zealand is an invaluable online resource for Māori history and culture in the eighteenth century: https://teara.govt.nz/

INDEX 英漢對照

B

Baffin Bay 巴芬灣

Balade Harbour 巴拉德港

Balagans 巴拉岡

Banks' Florilegium 《班克斯的植物圖譜》

Barents Sea 巴倫支海

Basil Lubbock 巴塞爾・魯伯克

Batavia 巴達維亞

Bay of Good Success 好成功灣

Bay of Islands 島嶼灣

Beagle 小獵犬號

Bedanug 貝達努格

Bering Sea 白令海

Bering Strait 白令海峽

Bill of Rights 權利法案

Birmingham 伯明罕

blink 映光

Board of Longitude 經度委員會

Bora Bora 波拉波拉島

Botany Bay 植物灣

Bounty 賞金號

Bristol 布里斯托

Britanee 布里塔尼

Britannia 不列顛女神

British Raj 英屬印度

British Zoology 《英國動物學》

Brixham 布里克瑟姆

C

Canon of Windsor 溫莎城堡法政牧師

Cap Torment 折磨角

Cape of Good Hope 好望角

Cape Horn 合恩角

Cape Prince of Wales 威爾斯親王角

Cape Town 開普敦

Cape Verde Islands 維德角

Carakooa 卡拉庫阿

Carl Linnaeus 卡爾・林奈

Car'na'care 卡爾納卡勒

Charles Burney 查爾斯・伯尼

Charles Clerke 查爾斯・克萊爾克

Charles Darwin 查爾斯・達爾文

Charles Green 查爾斯・格林

Charles Heaphy 查爾斯・希菲

Charles Irwin 查爾斯・厄文

Charles Praval 查爾斯・普拉瓦爾

Charles II 查理二世

Chelsea 切爾西

Chief Mourner 主哀悼者

Christ's Hospital 基督公學

Christmas Harbour 耶誕節港

Christopher Wren 雷恩

Chronometer 精密時鐘

Chuchki people, Chukchi people 楚科奇人

Chukotskiy Peninsula 楚科奇半島

Chugach Mountains 楚加奇山

Clive of India 印度的克萊夫

The Consequences of War 《戰爭的後果》

conquistadors 征服者

Cook Islands 庫克群島

Copley Medal 科普利獎章

Cornwall 康瓦爾

Coromandel Peninsula 科羅曼德爾半島

Cygnet 小天鵝號

Cythera 基西拉島

D

Daines Barrington 戴恩斯・巴靈頓

Daniel Boyd 丹尼爾・博伊德

Daniel Lerpinière 丹尼爾・勒皮尼耶

Daniel Solander 丹尼爾・索蘭德

Danzig 但澤

David Crantz 大衛・克蘭茨

David Nelson 大衛・尼爾森

David Samwell 大衛・山姆威爾

Dawson Turner 道森・特納

Denis Diderot 狄德羅

Deptford 德普特福德

Hadley 哈德利

Haka 哈卡舞

Hammersmith 漢默史密斯

Hans Sloane 斯隆

Harbour of Huaheine 胡阿希內港

Harrow School 哈羅公學

Haukadalur 豪卡達魯爾

Hauraki Gulf 豪拉基灣

Haush people 豪許人

Hawaiki 哈瓦基

Hebrides 赫布里底群島

Heiau 黑奧

hei-tiki 黑－提基

Heiva 黑瓦

Henananoo 赫那納諾

Henry Roberts 亨利‧羅伯茲

Herman Spöring 赫曼‧斯波靈

Hervey Islands 赫維群島

Hikau 希卡烏

Hippah 希帕

Hitihiti 希提希提

HMS Carcass 殘骸號

HMS Northumberland 諾森伯蘭號

HMS Racehorse 賽馬號

HMS Salisbury 索爾茲伯里號

HMS Victory 勝利號

Homer 荷馬

hongi 洪基

Horsham 霍舍姆

Huahine 胡阿希內島

Hudson's Bay 哈得遜灣

I

ice sheet 冰層

Icy Cape 冰角

Ikirangi 伊基朗吉

Île d'Orléans 奧爾良島

The Illustrated Sydney News 《雪梨新聞畫報》

Inasi 伊納西

Inuit people 因紐特人

Isaac Gilsemans 伊薩克‧吉爾斯曼斯

Island of Desolation 荒蕪島

J

J. Caldwall 詹姆斯‧考爾德沃爾

J. Hall 霍爾

J. K. Shirwin 約翰‧謝爾文

Jacob Le Maire 雅各布‧勒梅爾

Jacob Roggeveen 雅各布‧羅赫芬

Jacob von Staehlin 雅各布‧馮‧史特林

Jakarta 雅加達

James Basire 詹姆斯‧巴西爾

James Boswell 詹姆斯‧包斯威爾

James Burney 詹姆斯‧伯尼

James Cook 詹姆斯‧庫克

James Ferguson 詹姆斯‧佛格森

James II 詹姆斯二世

James King 詹姆斯‧金恩

James Lee 詹姆斯‧李

James Lind 詹姆斯‧林德

James Macpherson 詹姆斯‧麥克弗爾森

James Short 詹姆斯‧肖特

James Watt 詹姆斯‧瓦特

Jean de Surville 尚‧德‧蘇爾維爾

Jean François Rigaud 尚‧弗朗索瓦‧里戈

Jean-Jacques Rousseau 盧梭

Jean Le Rondd'Alembert 尚‧勒朗‧達朗貝爾

Jérôme Lalande 傑羅姆‧拉朗德

Johann Forster 約翰‧佛斯特

Johann Ludwig Aberli 約翰‧路德維希‧阿伯利

Johann Mottet 約翰‧莫提特

Johann Zoffany 約翰‧佐凡尼

Johannes Kepler 克卜勒

John Alexander Gilfillan 約翰‧亞歷山大‧吉爾菲蘭

John Arnold 約翰‧阿諾德

John Beaglehole 約翰‧比格霍爾

John Byron 約翰‧拜倫

John Cleveley Jr. 小約翰‧克里夫利

master　航海長

master's mate　船副

Matavai Bay　瑪塔維灣

Matthew Boulton　馬修・博爾頓

Maui　茂宜島

Mayfair　梅費爾

Mercator's projection　麥卡托投影法

Mercury Bay　水星灣

Middleburgh, Middleburg　米德堡島

Middlesbrough　米德斯堡

Middlesex　米德塞克斯

Molesworth Phillips　莫爾斯沃斯・菲利普斯

Montreal　蒙特婁

Moordenaars Bay　殺人者灣

Mo'orea　茉莉亞島

Motaura Island　莫托拉島

Mount Hekla　海克拉火山

Mowachaht　莫瓦查特人

Mrs Inchbald　茵琪巴爾德夫人

N

Natche　納徹

Nathaniel Dance-Holland　納瑟尼爾・丹斯－霍蘭德

Nathaniel Hulme　納瑟尼爾・休爾姆

National Gallery of Victoria　維多利亞國立美術館

National Portrait Gallery　國家肖像館

Naturalist's Journal　《博物學家日誌》

Nautical Almanac　《航海曆》

Navigation Acts　航海條例

Nawarla Gabarnmang　納瓦拉・加邦曼

Nevil Maskelyne　內維爾・馬斯基林

New Albion　新阿爾比恩

New Caledonia　新喀里多尼亞

New Guinea　新幾內亞

New Hebrides　新赫布里底群島

New Holland　新荷蘭

New South Wales　新南威爾斯州

Newcastle　新堡

Newfoundland　紐芬蘭

The Newtonian System of Philosophy　《牛頓哲學體系》

Ngāti Kuia　那提・庫伊亞

Ngāti Oneone　那提・歐內歐內

Ngāti Whanaunga　那提・法瑙恩加

Niihau　尼豪島

Nomuka　諾穆卡島

Nootka Sound　努特卡灣

Norfolk Island　諾福克島

North American Pilot　《北美洲領航員》

North Cape　北角

Northern Territory　北領地

Norton Sound　諾頓灣

Nuna　努那

Nuu-chah-nulth　努恰努爾斯族

O

O-Hedidee　歐－希迪帝

Oberea　歐伯莉亞

Odidee　歐蒂迪

Olimaroa　歐里瑪洛阿

Omai　歐瑪伊

Omai, or a Trip Round the World　《歐瑪伊，或環遊世界之旅》

Oahu　歐胡島

Opoone　歐普尼

Oregon　奧勒岡州

Oro　歐若

Ossian　莪相

Otago　歐塔戈

Otahaw　歐塔侯

Otaheite　歐塔海特

Otegoowgoow　特古古

Otheothea　歐瑟歐席亞

Otoo　歐托

O'wy'he　歐維希

P

Pā　帕

Pacific Northwest　太平洋西北地區

South Georgia 南喬治亞島

South Sandwich Islands 南桑威奇群島

Southern Thule 南圖勒島

Spithead 斯皮特黑德

Spitsbergen 斯匹茲卑爾根島

St Helena 聖赫倫那島

St Lawrence River 聖羅倫斯河

St Peter and Paul 聖彼得與聖保羅港

Staffa 斯塔法島

Staithes 斯泰茲

Stansfield Parkinson 斯坦斯菲爾德‧帕金森

Staten Land 史泰登之地

Stewart Island 斯圖爾特島

Stingray Harbour 魟魚灣

Sydney Cove 雪梨灣

Sydney Parkinson 西德尼‧帕金森

Systema Naturae 《自然系統》

T

Tā moko 塔‧摩可

Taha'a 塔哈阿

Tahiti 大溪地

Taiato, Tayeto 塔伊亞托

Taione, Tioonee 泰歐尼

Taiyota 塔伊悠塔

Tanna 坦納島

Taputapuatea 塔普塔普阿提亞

Tarroa 塔羅阿

Tasmania 塔斯馬尼亞

Ta'urua-nui 塔烏魯阿－努伊

Te Haurangi 特‧豪朗吉

Te HoretaTaniwha 特‧霍瑞塔‧塔尼法

Te Kuukuu 特‧庫庫

Te Maro 特‧馬羅

Te Raakau 特‧拉考

Te Ri'itaria 特‧里伊塔利亞

Te Weherua 特‧威赫魯瓦

Te Whanganui-o-Hei 特‧凡加努伊－歐－黑伊

Teereeoboo 特雷歐伯

Thjorsardalur 斯久薩爾塔里爾

Thomas Chambers 湯瑪斯‧錢伯斯

Thomas Heberden 湯瑪斯‧赫伯登

Thomas Pennant 湯瑪斯‧裴南特

Thomas Skottowe 湯瑪斯‧斯科托威

Tiaraboo 提阿拉布島

Tierra del Fuego 火地群島

Tiputa 提普塔

Tobias Furneaux 托拜厄斯‧弗諾

Tobias Smollett 托比亞斯‧斯摩萊特

Tohunga tā moko 托渾加‧塔‧摩可

Toiawa 托伊亞瓦

Tokerau 托克勞

Tolaga Bay 托拉加灣

Tom Telescope 湯姆‧特勒斯科普

Tonga 東加

Tongatapu 東加塔普島

To'ofa 托歐法

Topaa 托帕阿

Touahah 托阿哈

Toulouse 土魯斯

Tu 圖烏

Tubourai 圖布拉伊

Tuhuna 大祭司

Tu'i Kanokopolu 圖伊‧卡諾科波魯

Tu'i Tonga 圖伊‧東加

Tupaia 圖帕亞

Tūranganui-o-Kiwa 圖朗加努伊－歐－基瓦

Tūranganui River 圖朗加努伊河

Tuteha 圖特哈

Two Treatises of Government 《政府論兩篇》

U

Uawa 烏阿瓦

Uhi 烏希

Ulieta 賴阿提亞島

Unalaska Island 烏納拉斯卡島

Uppsala University 烏普薩拉大學

國家圖書館出版品預行編目(CIP)資料

庫克船長與太平洋：第一位測繪太平洋的航海家，1768-1780 / 威廉.弗萊姆(William Frame), 蘿拉.沃克(Laura Walker)作；黃煜文譯.-- 初版.-- 新北市：左岸文化出版：遠足文化發行, 2019.08
　　面；　公分.--（影像.見聞6）
譯自：James Cook：The Voyages
ISBN 978-986-98006-0-0（平裝）

1.航海 2.歷史

729.6　　　　　　　　　　　　　　　　　　　　　　　　　　　108011281

見聞・影像 visits & images 6

庫克船長與太平洋：第一位測繪太平洋的航海家，1768-1780
JAMES COOK : The Voyages

作者・威廉・弗萊姆（William Frame）、蘿拉・沃克（Laura Walker）｜譯者・黃煜文｜責任編輯・龍傑娣｜校對・施靜沂、楊俶儻｜美術設計・林宜賢｜出版・左岸文化 第二編輯部｜社長・郭重興｜總編輯・龍傑娣｜發行人兼出版總監・曾大福｜發行・遠足文化事業股份有限公司｜電話・02-22181417｜傳真・02-86672166｜客服專線・0800-221-029｜E-Mail・service@bookrep.com.tw｜官方網站・http://www.bookrep.com.tw｜法律顧問・華洋國際專利商標事務所・蘇文生律師｜印刷・凱林彩印股份有限公司｜初版・2019年8月｜定價・650元｜ISBN・978-986-98006-0-0｜版權所有・翻印必究｜本書如有缺頁、破損、裝訂錯誤，請寄回更換